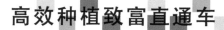
高效种植致富直通车

图说 **西瓜甜瓜病虫害**
诊断与防治

李金堂 编 著

U0279607

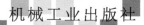
机械工业出版社

本书通过100多幅西瓜、甜瓜病虫害田间彩色生态图片及病原菌显微图片，介绍了为害西瓜、甜瓜的55种病害和8种害虫。书中介绍的每种病虫害一般配有多幅图片，从不同发病部位、不同发病时期的症状特点及害虫的不同虫态多个角度进行描述，可以帮助读者根据图片准确诊断病虫害，获得对病虫害的形象识别。内容力求简练、实用，含有最新的病虫害防治方法，并附有"提示""注意"等小栏目，可以帮助读者更好地了解病虫害防治的要点。

　　本书可供广大瓜农、植保工作者、农资经销商使用，也可供农业院校相关专业的师生阅读参考。

图书在版编目（CIP）数据

图说西瓜甜瓜病虫害诊断与防治/李金堂编著. —北京：机械工业出版社，2018. 4（2022. 4重印）
（高效种植致富直通车）
ISBN 978-7-111-59207-5

Ⅰ. ①图… Ⅱ. ①李… Ⅲ. ①西瓜－病虫害防治－图解②甜瓜－病虫害防治－图解 Ⅳ. ①S436. 5-64

中国版本图书馆CIP数据核字（2018）第033485号

机械工业出版社（北京市百万庄大街22号 邮政编码100037）
总　策　划：李俊玲　张敬柱
策划编辑：高　伟　郎　峰　责任编辑：高　伟　孟晓琳
责任校对：王　欣　　　　 责任印制：张　博
涿州市般润文化传播有限公司印刷
2022年4月第1版第3次印刷
140mm×203mm · 4印张 · 94千字
标准书号：ISBN 978-7-111-59207-5
定价：25.00元

电话服务　　　　　　　　　　　网络服务
客服电话：010-88361066　　　机 工 官 网：www.cmpbook.com
　　　　　010-88379833　　　机 工 官 博：weibo.com/cmp1952
　　　　　010-68326294　　　金 书 网：www.golden-book.com
封底无防伪标均为盗版　　机工教育服务网：www.cmpedu.com

序

　　园艺产业包括蔬菜、果树、花卉和茶等，经多年发展，园艺产业已经成为我国很多地区的农业支柱产业，形成了具有地方特色的果蔬优势产区，园艺种植的发展为农民增收致富和"三农"问题的解决做出了重要贡献。园艺产业基本属于高投入、高产出、技术含量相对较高的产业，农民在实际生产中经常在新品种引进和选择、设施建设、栽培和管理、病虫害防治及产品市场发展趋势预测等诸多方面存在困惑。要实现园艺生产的高产高效，并尽可能地减少农药、化肥施用量以保障产品食用安全和生产环境的健康离不开科技的支撑。

　　根据目前农村果蔬产业的生产现状和实际需求，机械工业出版社坚持高起点、高质量、高标准的原则，组织全国20多家农业科研院所中理论和实践经验丰富的教师、科研人员及一线技术人员编写了"高效种植致富直通车"丛书。该丛书以蔬菜、果树等的高效种植为基本点，全面介绍了主要果蔬的高效栽培技术、棚室果蔬高效栽培技术和病虫害诊断与防治技术、果树整形修剪技术、农村经济作物栽培技术等，基本涵盖了主要的果蔬作物类型，内容全面，突出实用性，可操作性、指导性强。

　　整套图书力避大段晦涩文字的说教，编写形式新颖，采取图、表、文结合的方式，穿插重点、难点、窍门或提示等小栏目。此外，为提高技术的可借鉴性，书中配有果蔬优势产区种植能手的实例介绍，以便于种植者之间的交流和学习。

　　丛书针对性强，适合农村种植业者、农业技术人员和院校相关专业师生阅读参考。希望本套丛书能为农村果蔬产业科技进步和产业发展做出贡献，同时也恳请读者对书中的不当和错误之处提出宝贵意见，以便补正。

中国农业大学农学与生物技术学院

前　言

　　随着果蔬产业规模的不断扩大，病虫害防治成为果蔬生产中存在的突出问题。多年的生产实践表明，做好病虫害防治工作，既能提高果蔬的产量和品质，又能促进果蔬产业健康发展，并获得更好的经济效益和社会效益。为帮助广大果蔬种植者及相关人员准确诊断病虫害和更好地防治病虫害，撰写了《图说西瓜甜瓜病虫害诊断与防治》一书。

　　本书以"蔬菜之乡"寿光市为主要调查地点，结合其他西瓜、甜瓜产区进行病虫害调查，一般每周调查2次，将病虫害病样带回研究室进行分离培养鉴定。书中每种病害或害虫的介绍一般配有多幅图片，并从不同发病部位、不同发病时期的症状特点及害虫的不同虫态多个角度描述，帮助瓜农根据图片准确诊断病害和害虫，获得对病虫害的形象识别；文字内容力求简练、实用，且包含最新的病虫害防治内容。另有"提示""注意"等小栏目，可起到较好的提醒作用。

　　需要特别说明的是，本书所用药物及其使用剂量仅供读者参考，不可完全照搬。在生产实际中，所用药物学名、通用名与实际商品名称存在差异，病虫害发生程度不同，施用药物浓度也有所不同，建议读者在使用每一种药物之前，参阅厂家提供的产品说明，以确认药物用量、用药方法、用药时间及禁忌等。

　　本书得到山东省教育厅设施园艺重点实验室和山东省高等学校青年骨干教师国内访问学者项目经费资助，并在编写过程中参考了一些专家、同行的研究资料，在此致以诚挚的谢意。

　　由于时间紧迫，编者水平所限，书中难免存在错误和疏漏之处，恳请广大读者朋友批评指正！

编著者

目　录

序

前言

1 一、侵染性病害

一、侵染性病害

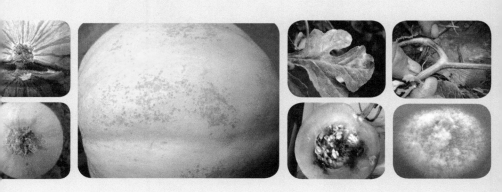

1. 西瓜白粉病 >>>>

〔症状〕

叶片发病，初现近圆形小白粉斑，病斑不断扩大（图1-1），并融合为大型白粉斑。病斑背面有时也出现白色霉状物，即病原菌的分生孢子梗及分生孢子。叶柄、茎秆发病症状与叶片相似。

图1-1 西瓜白粉病病叶

〔病原〕

病原菌为 *Sphaerotheca cucurbitae*（Jacz.）Z. Y. Zhao（瓜类单囊壳）和 *Erysipe cucurbitacearum* Zheng&Chen（葫芦科白粉菌），均属子囊菌门真菌。

〔发病规律〕

病原菌以闭囊壳、菌丝体、分生孢子随病残体在土壤中越冬。第二年条件合适时，产生分生孢子或子囊孢子，随风雨传播到寄主上侵染。栽培过密、通风不良、偏施氮肥的瓜田发病重。

〔防治方法〕

1）选用抗（耐）病品种。这是防治白粉病最经济、有效的方法。

2）加强田间管理。收获后彻底清洁瓜田，扫除枯枝落叶。生长期间及时摘除发病严重的叶片。合理浇水，及时通风，降低空气湿度。

3）药剂防治。发病初期用2%的嘧啶核苷酸类抗生素200倍液、10%的苯醚甲环唑水分散粒剂1500倍液或25%的乙嘧酚悬浮剂1000倍液进行叶面喷雾。

提示　白粉病病原菌分生孢子在水中容易破裂，因此喷药时可对白粉病严重的叶片多喷一些，最好达到有药液滴下的程度。

2. 西瓜病毒病 >>>>

病毒病是果蔬生长过程中的一种常见和重要病害，给果蔬产业的生产和健康发展带来毁灭性灾害。病毒病发生普遍，危害程度高，成为当前限制果蔬高产、稳产的主要因素，尤其随着复种指数的增加及化学农药的大量使用，病毒病的发生有更加严重的趋势，严重影响了果蔬的产量和质量，成为生产中亟待解决的首要问题。

〔症状〕

幼苗感病，子叶多变黄枯萎。成株期叶片发病，出现黄绿相间或黄白相间的花叶，叶片略皱缩（图1-2）。果实发病，果面凹凸不平或出现瘤状突起。

图1-2 西瓜病毒病病叶

〔病原〕

西瓜病毒病由西瓜花叶病毒（Watermelon Mosaic Virus，WMV）、黄瓜花叶病毒（Cucumber Mosaic Virus，CMV）、烟草花叶病毒（Tobacco Mosaic Virus，TMV）等多种病毒单独侵染或复合侵染引起。

〔发病规律〕

病毒随多年生宿根植株和病株残余组织遗留在田间越冬，也可由种子带毒越冬。在田间以介体传播为主，传毒介体主要有蓟马、蚜虫、白粉虱等，介体传毒的有效性取决于介体的数量，尤其是带毒率高的有效介体数量。一般高温、干旱年份有利于介体的繁殖和迁飞，导致病毒病发生重。如果对蓟马、蚜虫等传毒介体防治不到位，将加重病害的传播和蔓延。植株营养缺乏，生长势弱，抗病力下降，病害也会加重。

〔防治方法〕

1）选用抗病品种。这是防治病毒病最经济、有效的措施。

2）种子消毒。播种前进行种子消毒，将种子用10%的磷酸三钠溶液浸泡20min，然后用清水洗净后播种。也可将干燥的种子置于70℃的恒温箱内干热处理72h，可有效杀死种子上携带的病毒。

3）加强管理。清除田间杂草，培育壮苗，及时追肥、浇水，提高植株抗病力。田间操作时先健瓜后病瓜，防止病毒传播。农事作业的工具也要用酒精或肥皂水消毒。

4）防治蚜虫、蓟马等传毒介体。可采用银灰色薄膜驱蚜、黄板诱蚜、蓝板诱杀蓟马等物理方法。也可喷施2.5%的多杀霉素悬浮剂1500倍液、10%的虫螨腈乳油2000倍液、5%的氟虫腈悬浮剂1500倍液或10%的吡虫啉可湿性粉剂1000倍液等化学方法杀灭害虫。

5）药剂防治。发病初期及时喷洒20%的盐酸吗啉胍铜可湿性粉剂500倍液、4%的宁南霉素水剂500倍液、1.5%的烷醇·硫酸铜乳剂1000倍液、0.5%的菇类蛋白多糖250倍液或10%的混合脂肪酸水乳剂100倍液等，5~7天喷1次，连续喷3~4次。

⚠ 注意　病毒病为系统性病害，选用抗病品种是防治病害的根本措施，同时应坚持"预防为主"的原则，发病前定期喷洒壳寡糖、几丁聚糖等能提高植株抗病性的药物，提高植株免疫力。

3. 西瓜瓜链格孢叶枯病 >>>>

〔症状〕

西瓜瓜链格孢叶枯病主要为害叶片。发病初期，在叶片叶缘或叶脉间出现褐色近圆形病斑（图1-3），后期病斑不断联合，严重者病斑布满整个叶片，导致叶片枯死（图1-4）。

图1-3　西瓜瓜链格孢叶枯病初期症状

图1-4　西瓜瓜链格孢叶枯病后期症状

〔病原〕

病原菌为 *Alternaria cucumerina*（Ell. et Ev.）Elliott，称为瓜链格孢，属半知菌门真菌。

〔发病规律〕

病原菌以菌丝体或分生孢子随病残体在土壤中越冬。第二年以分生孢子借气流进行传播，完成初侵染，之后产生分生孢子进行再侵染。该菌寄生性较弱，一般在植株有伤口或生长势弱、免疫力低时容易侵染。病原菌喜湿度高和温暖的环境条件，在23～25℃且相对湿度大于90%的条件下发病重。

〔防治方法〕

1）提倡高垄覆地膜栽培，雨后及时排除积水，温室内放风降湿。种植密度适宜，保证株间通风透光。

2）施足有机肥，并适时追肥，保证植株营养供给，提高植株免疫力。

3）种子消毒。可采用温汤浸种或用50%的多菌灵可湿性粉剂500倍液浸种30min。

4）药剂防治。发病初期及时喷药，可用药剂有50%的苯菌灵可湿性粉剂1000倍液、25%的戊唑醇可湿性粉剂1500倍液或60%的多菌灵盐酸盐可溶性粉剂600倍液等。7～10天喷1次，连喷3次。

📢 提示　露地栽培时，在夏季多雨季节进行遮阴避雨有利于减轻发病。

4. 西瓜褐点病 >>>>

〔症状〕

褐点病常在老叶上发生。发病时，叶片出现近圆形或椭圆形褐色病斑（图1-5），湿度大时出现黑褐色霉层。

图1-5 西瓜褐点病病叶

〔病原〕

病原菌为 *Alternaria tenuissima*（Fr.）Wiltshire，称为细极链格孢，属半知菌门真菌。

〔发病规律及防治方法〕

参见西瓜瓜链格孢叶枯病的相关内容。

5. 西瓜黑星病 >>>>

〔症状〕

叶片发病时，叶缘皱缩干枯，叶面出现星状病斑。果实发病时，病斑开裂呈星状，出现琥珀色分泌物（图1-6）。

图1-6 西瓜黑星病果实受害状

〔病原〕

病原菌为 *Cladosporium cucumerinum* Ell. et Arthur，称为瓜枝孢，属半知菌门真菌。分生孢子梗单生或丛生，直立，浅褐色至褐色，不分枝或分枝。分生孢子单生或串生，椭圆形，浅褐色至浅绿色，多为单胞，少数为双胞。除为害西瓜外，还可为害甜瓜、黄瓜等其他瓜类蔬菜。

〔发病规律〕

病原菌以菌丝体在土壤中的病残体上越冬，或以分生孢子、菌丝体在种子上越冬。第二年产生分生孢子进行侵染，分生孢子通过气流和雨水进行传播，病原菌可直接穿透植物的表皮，也可从自然孔口或伤口侵入。潜育期一般为 3～8 天，温度越高，潜育期越短。发病的适宜温度为 20～23℃，适宜湿度在 90% 以上，喜弱光不喜强光，故春、秋季节温度低、湿度大、透光不好的温室内发病早而且严重。

［防治方法］

1）选用抗病品种。

2）从无病株上采种。

3）种子消毒。用 55～60℃ 的温水浸种 15min，也可用种子重量 0.3% 左右的 50% 的多菌灵可湿性粉剂拌种。

4）与非瓜类蔬菜作物轮作 2 年以上，可压低菌源量。

5）加强管理。及时清除田间病叶并销毁，合理浇水，及时通风，降低温室内相对湿度。

6）药剂防治。前期可用 10% 的百菌清烟剂预防病害，用量为 250～350g/亩（1 亩≈666.7m²）。病害发生后及时用药，可用 50% 的咪鲜胺可湿性粉剂 1500～2000 倍液、40% 的氟硅唑乳油 8000 倍液或 25% 的戊唑醇可湿性粉剂 1500 倍液喷雾。7 天喷 1 次，连喷 3～4 次。喷药时间以在晴天上午 9：00～10：00 或下午 4：00～5：00 为宜，中午温度高时不宜施药，以免发生药害。

提示　黑星病发病后较难治愈，应以预防为主。防治药剂以唑类药剂为主，注意掌握施药浓度，以免抑制植株生长。

6. 西瓜花腐病 >>>>

［症状］

西瓜花腐病主要为害西瓜花，引起花腐（图 1-7），进一步扩展时还常引起残花附近的花梗发病，呈水渍状软腐（图 1-8）。湿度大时病部长出灰白色绵毛状物和灰白色至黑褐色头状物，即病原菌的孢囊梗和孢子囊。

图1-7 西瓜花腐病引起花腐

图1-8 西瓜花腐病引起花梗发病

〔病原〕

病原菌为 *Choanephora cucurbitarum*（Berk. et Rav.）Thaxt，称为瓜笄霉，属接合菌门真菌。孢囊梗长 3～6mm。无性繁殖时可产

生大型孢子囊及小型孢子囊两种类型，孢子囊内产生孢囊孢子。

[发病规律]

病原菌主要以菌丝体随病残体或产生接合孢子留在土壤中越冬，第二年春天侵染瓜类的花和幼瓜，发病后病部长出孢囊梗及孢子囊，产生大量孢囊孢子借风雨或昆虫传播。该菌腐生性强，一般只能从伤口侵入生活力衰弱的花和果实，因此花期是防治该病的关键时期。

[防治方法]

1）及时摘除病花、病瓜并深埋。

2）加强温室内温湿度管理。注意通风排湿，严禁大水漫灌，降低温室内湿度，创造不利于病害发展的环境条件。

3）药剂防治。发病前可用15%的百菌清烟剂预防，用量为250~300g/亩。花期和幼瓜期适时喷洒10%的苯醚甲环唑水分散粒剂1500倍液、25%的嘧菌脂胶悬剂1500倍液、60%的多菌灵盐酸盐可溶性粉剂800倍液、50%的甲基硫菌灵可湿性粉剂800倍液或50%的苯菌灵可湿性粉剂1500倍液等，有条件的瓜农也可喷撒粉尘剂，既有利于降低温室内湿度，又可较好地防治病害。

提示　花腐病发病重的地区或大棚，可在蘸花药时加入适量药剂预防病害。

7. 西瓜灰霉病　>>>>

[症状]

叶片、花、果实均可受害。灰霉病病原菌侵染花后，花发生水渍状褐色病变，表面出现灰色霉层（图1-9），即病原菌的分生孢子梗及分生孢子。叶片发病时，常见病斑类型有近圆形与半圆形（图1-10和图1-11）。

图1-9　西瓜灰霉病为害花部症状

图1-10　西瓜灰霉病叶片发病初期症状

图1-11　西瓜灰霉病叶片发病中期症状

〔病原〕

病原菌为 *Botrytis cinerea* Pers.，称为灰葡萄孢，属半知菌门真菌。分生孢子梗较长，呈灰色或褐色，有分隔和分枝，分枝顶端略膨大。分生孢子近球形或卵圆形，大小为（8.7～15.3）μm×（6.5～11.2）μm。

〔发病规律〕

病原菌主要以菌丝体或菌核随病残体在土壤中越冬。南方设施果蔬中的病原菌可常年存活，不存在越冬问题。分生孢子主要通过风雨传播，条件适宜时即萌发，多从伤口或衰老组织侵入。初侵染发病后又长出大量新的分生孢子，通过传播进行再侵染。温室内的高湿环境有利于病害发生和流行。

〔防治方法〕

1）加强温室内温湿度的调控。保证植株间的通风、透光，降低湿度，同时温度不要太低。

2）加强水肥管理。一次浇水不要太多，及时补充植株营养，使植株生长旺盛，防止早衰。

3）及时清除病残体，减少菌源量。病叶、病果需及时运出温室外并销毁。

4）药剂防治。发病初期喷洒50%的腐霉利可湿性粉剂1000倍液、40%的菌核净可湿性粉剂800倍液、50%的异菌脲可湿性粉剂1000倍液或25%的啶菌噁唑乳油1000倍。7～10天喷1次，连喷3～4次。温室中也可用20%的噻菌灵烟剂熏烟，用量为0.3～0.5kg/亩。

⚠️ **注意** 灰霉病病原菌易产生抗药性，同一种杀菌剂在植株一个生长期内最多使用2～3次，要注意不同类型杀菌机理的杀菌剂交替使用。

8. 西瓜镰刀菌果腐病 >>>>

〔症状〕

果实受害严重，且多在快要成熟的瓜上发病。发病初期西瓜表面出现褐色病斑，后病斑呈星状或条状开裂（图1-12），湿度

图1-12　西瓜镰刀菌果腐病果实受害状

大时病斑表面着生白色或略带红色的致密霉层。

【病原】

病原菌为 *Fusarium roseum* Link （粉红镰孢）、*Fusarium oxysporum* Schlecht（尖镰孢）等多种镰刀菌，均属半知菌门真菌。

【发病规律】

病原菌以菌丝体及分生孢子在土壤中越冬。果实与土壤接触、果面有伤口或自然裂口时易染病。湿度越高，发病越重。

【防治方法】

1）避免果实出现伤口、自然裂果等。

2）提前喷洒 25% 的络氨铜水剂 500 倍液、36% 的甲基硫菌灵悬浮剂 500 倍液或 50% 的琥胶肥酸铜可湿性粉剂 500 倍液，可有效预防病害发生。

提示　阴雨天用烟剂熏棚可预防镰刀菌果腐病病原菌侵染伤口，并能灭杀部分病原菌。

9. 西瓜蔓枯病 >>>>

【症状】

苗期、成株期均可发病。苗期发病，病部先褪绿变黄，多从下部叶片开始发病。成株期发病，病斑一般呈近圆形，轮纹较明显（图 1-13），病斑中央颜色较边缘浅（图 1-14），空气干燥时病斑易破裂。蔓枯病发病严重时，可为害新叶、瓜条。茎蔓感病，多开裂并溢出琥珀色黏稠物（图1-15）。各发病部位后期常出现小黑点，即病原菌的子囊壳。

图 1-13　西瓜蔓枯病病斑有轮纹

图 1-14　西瓜蔓枯病病斑中央颜色较浅

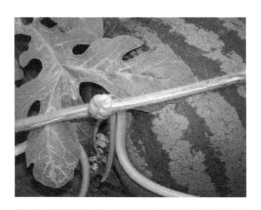

图1-15　西瓜蔓枯病茎蔓受害呈开裂状

〔病原〕

病原菌为 *Ascochyta citrullina* Smith，称为西瓜壳二孢，属半知菌门真菌。分生孢子器在叶片表面聚生，初为埋生，后突破表皮外露，多为球形，有的呈扁球形，直径为 75.3～164.8μm，颜色为浅褐色。分生孢子器孔口较明显，直径为 20.7～27.9μm。分生孢子呈圆筒形，初为单胞，后生一隔膜变为双胞，大小为（11.1～11.5）μm×（3.9～4.2）μm。有性时代病原菌为 *Mycosphaerella melonis*（Pass.）Chiu et Walker，称为甜瓜球腔菌，属子囊菌门真菌。子囊壳近球形，直径为 87.3～124.2μm，孔口略凸起，呈黑褐色，直径为 21.6～29.5μm，子囊呈棍棒形，大小为（73.6～86.2）μm×（9.7～11.4）μm，子囊孢子为双细胞，上端略大，大小为（11.9～12.4）μm×（5.8～7.5）μm。

〔发病规律〕

主要以分生孢子器或子囊壳随病残体在土壤中越冬，也可在种子内或附着在温室架材上越冬。到第二年春天产生分生孢子及子囊孢子借助风雨传播，从植株伤口、气孔或水孔侵入。病原菌喜温暖和高湿环境，温度范围在 19 ~ 25℃，相对湿度在 85% 以上，土壤湿度较高时易发病。保护地通风不良、连作地块、种植过密、生长势弱、光照不足、氮肥过量或肥料不足时发病重。

〔防治方法〕

1）农业措施。宜采用高垄栽培，雨季注意排除田间积水，改善种植地的通透性。及时清除初发病叶，减少菌源。温室内及时放风，降低相对湿度。

2）药剂防治。发病初期及时喷洒 50% 的甲基硫菌灵可湿性粉剂 1000 倍液、50% 的苯菌灵可湿性粉剂 1000 倍液、10% 的苯醚甲环唑水分散粒剂 1500 倍液或 12.5% 的烯唑醇可湿性粉剂 4000 倍液等药剂。7 ~ 10 天喷 1 次。温室也可用 30% 的百菌清烟剂熏烟，用量为 250g/亩，7 ~ 10 天施药 1 次，连续防治 2 ~ 3 次。

提示　蔓枯病的为害症状有时与黑星病相似，较难区分时可喷洒苯并咪唑类药剂（多菌灵等）与唑类药剂（戊唑醇等）的混合药剂，对两种病害都有较好的防治效果。

10. 西瓜黏菌病 >>>>

〔症状〕

黏菌病又称白点病，主要为害叶片。正面出现白色至浅黄色近圆形小点，叶缘及沿脉部位发病较重，病斑表面较粗糙，略凸起，呈疮痂状（图 1-16）。病害发生后期严重时，病斑常穿孔破裂（图 1-17）。

图1-16 西瓜黏菌病病斑典型症状

图1-17 西瓜黏菌病后期病斑穿孔

〔病原〕

病原菌为 *Physarum cinereum*（Batsch）Persoon，称为西瓜灰绒泡菌，属原生生物界。

〔发病规律〕

学术界目前对此病研究较少，发病条件不明，但在潮湿、雨水多或施用未充分腐熟有机肥料的田块发病重。

〔防治方法〕

1）加强管理。及时通风，降低温室内湿度，施用有机肥时应完全腐熟。

2）药剂防治。发病后可喷洒 27.12% 的碱式硫酸铜悬浮剂 600 ~ 800 倍液或 25% 的异菌脲悬浮剂 1000 倍液、50% 苯菌灵可湿性粉剂 1000 倍液等。采收前 7 天停止用药。

11. 西瓜炭疽病 >>>>

〔症状〕

西瓜炭疽病主要为害叶片和果实。叶片发病，出现近圆形褐色或黄白色病斑，稍凹陷（图 1-18 和图 1-19）。侵染果实，出现圆形病斑，病斑表面常有粉红色黏稠物（分生孢子团），后期病斑常开裂（图 1-20）。

图 1-18　西瓜炭疽病病斑正面

图1-19 西瓜炭疽病病斑背面

图1-20 西瓜炭疽病果实受害状

【病原】

病原菌为 *Colletotrichum orbiculare* （Berk. & Mont. ） Arx. ，称为瓜类刺盘孢，属半知菌门真菌。

〔发病规律〕

主要以菌丝体和拟菌核随病残体在土壤中越冬，也能潜伏在种皮上越冬。第二年形成分生孢子盘，进而产生分生孢子随风雨传播到寄主上进行初侵染。病原菌生长适宜温度为 20～27℃。土质过黏、湿度过大、氮肥施用过多、光照不足时发病重。

〔防治方法〕

1）选用抗病品种。

2）种子消毒。播种前用 45℃ 的温水浸种 10min，或用 40% 的福尔马林 200 倍液浸种 30min，用清水洗净。

3）药剂防治。发病初期开始喷药，可用 25% 的咪鲜胺乳油 1000 倍液、50% 的甲基硫菌灵可湿性粉剂 500 倍液、80% 的福·福锌可湿性粉剂 1000 倍液、30% 的苯噻氰乳油 1000 倍液或 40% 的多·福·溴菌可湿性粉剂 500 倍液喷雾防治。7～10 天喷 1 次，连喷 2～3 次。

📢 提示　使用咪鲜胺防治病害时要注意施药浓度，避免产生药害，抑制生长。

12. 西瓜细菌性果斑病 >>>>

〔症状〕

细菌性果斑病又称果实腐斑病，主要为害近成熟的西瓜，发病初期面朝上的果皮出现水浸状墨绿色小斑点，随后扩大成圆形或不规则水浸状墨绿色病斑，湿度大时常有菌脓（图 1-21），病斑后期常龟裂（图1-22）。

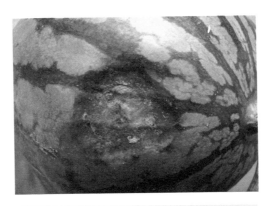

图1-21　西瓜细菌性果斑病病部出现菌脓

图1-22　西瓜细菌性果斑病病部开裂

〔病原〕

病原菌为 *Pseudomonas pseudoalcaligenes* subsp. *citrulli* Schaad et al.，称为类产碱假单胞菌西瓜亚种（西瓜细菌斑点假单胞菌），属薄壁菌门细菌。

[发病规律]

病原菌主要在病残体或种子上越冬，第二年环境条件合适时，借助雨水、灌溉水、大风传播，从伤口或气孔侵入，发病后在病部产生大量菌体，通过雨水及灌溉水传播蔓延到其他植株上进行再侵染。多雨、高湿、大水漫灌时易发病。

[防治方法]

1）加强检疫。严禁从病区调运种子，防止病原菌由疫区向外传播。

2）加强管理。实行秋季深翻地，将病残体翻入土壤深处，降低菌源数量。整地时清除田间病株、病果、杂草及野生寄主植物体，以减少侵染来源，清除田间杂草，尤其是葫芦科杂草。消毒农事作业用具，杀灭病原菌。发病初期及时拔除病株、摘除病果并销毁。

3）种子消毒。可用50℃的温水浸种30min左右。

4）实行轮作。发病严重地块可与非葫芦科植物进行3年以上轮作。

5）药剂防治。发病初期可选用20%的噻菌铜悬浮剂500倍液、20%的叶枯唑可湿性粉剂500倍液、72%的农用链霉素可溶性粉剂4000倍液或47%的春雷·氧氯铜可湿性粉剂800倍液进行防治。每7天喷1次，连喷2~3次。

⚠️ 注意　雨后要及时排水，发病重的地区应进行土壤消毒。

13. 西瓜细菌性褐斑病 >>>>

[症状]

细菌性褐斑病又称细菌性斑点病，主要为害叶片。叶片出现许多黄色至褐色小的多角形或不规则形病斑，后病斑变为深褐色，病斑后期易融合（图1-23）。为害茎及果实出现灰色斑点，湿度大时病斑出现黄色菌脓。

图1-23　西瓜细菌性褐斑病病叶

〔病原〕

病原菌为 *Xanthomonas campestris* pv. *cucubitae*（Bryan）Dye，称为野油菜黄单胞菌黄瓜叶斑病致病变种，属薄壁菌门细菌。

〔发病规律〕

病原菌主要在种子内越冬，也可随病残体遗留在土壤中越冬，多从水孔或伤口侵入，引起叶片染病，随后从叶片维管束蔓延至茎部维管束，进入瓜内，使种子带菌。温室内湿度大、温度高、叶面结露、叶缘吐水，田间降雨多、排水不良等情况下，发病重。

〔防治方法〕

1）种子消毒。选用无病瓜留种，并进行种子消毒。可用55℃的温水浸种15min，或40%的福尔马林150倍液浸种1.5h，或100万IU农用链霉素500倍液浸种2h，用清水洗净药液后催芽播种。也可将干燥的种子放入70℃的温箱中干热灭菌72h。

2）清洁土壤。用无病原菌的土壤育苗，与非瓜类蔬菜实行2年以上的轮作。生长期及收获后清除病残组织。

3）加强栽培管理。温室中栽培西瓜要注意避免形成高温、高湿条件，覆盖地膜，膜下浇水，小水勤浇，避免大水漫灌，降低田间湿度。待上午西瓜叶片上的水膜消失后再进行各种农事作业，避免造成伤口。

4）药剂防治。发现病叶后及时摘除，并喷洒60%的琥·乙磷铝（DTM）可湿性粉剂500倍液、14%的络氨铜水剂300倍液、50%的甲霜铜可湿性粉剂600倍液或3%的中生菌素可湿性粉剂1000倍液。根据病情发展情况，5~7天喷1次，连喷2~3次。

14. 西瓜细菌性角斑病 >>>>

〔症状〕

叶片发病初为水浸状小黄点，后病斑扩展为多角形黄褐色或褐色病斑（图1-24），病斑外常有晕圈，后期易破裂穿孔。茎蔓染病，出现长条形褐色病斑，后期病斑开裂。果实发病，出现水渍状褐色至黑色病斑，呈角状开裂。湿度大时各发病部位出现白色菌脓。

图1-24　西瓜细菌性角斑病病叶

〔病原〕

病原菌为 *Pseudomonas syringae* pv. *lachrymans*（Smith et Bryan）Young，Dye & Wilkie，称为丁香假单胞杆菌流泪致病变种，属薄壁菌门细菌。

〔发病规律〕

病原菌在种子内外或随病残体在土壤中越冬。种子内的病原菌可存活1年，土壤中的病原菌可存活3~4个月。病原菌除种子传播外，通过田间雨滴、水滴、气流均可传播。气温在10~32℃时可发病，最适发病条件为22~28℃、相对湿度80%。田间湿度高、昼夜温差大、有露水或大雾时发病重。

〔防治方法〕

参见西瓜细菌性褐斑病的相关内容。

15. 西瓜细菌性软腐病 >>>>

〔症状〕

细菌性软腐病主要为害果实，多由伤口或生理伤口引发，病部发软，从病部向内腐烂，果肉呈黄褐色，散发出恶臭味（图1-25）。

图1-25 西瓜细菌性软腐病果实受害状

〔病原〕

病原菌为 *Erwinia carotovora* subsp. *carotovora* （Jones）Bergey et al.，称为胡萝卜软腐欧氏杆菌软腐亚种，属薄壁菌门细菌。

〔发病规律〕

病原菌随病残体在土壤中越冬。第二年借灌溉水、雨水及昆虫传播，多从伤口或裂口侵入。病原菌侵入后分泌果胶酶分解中胶层，引起细胞互相分离及水分外漏，导致腐烂。阴雨天进行整枝、打杈等农事作业形成伤口，大水漫灌，害虫发生重，造成伤口多等情况下易引起发病。

［防治方法］

参见西瓜细菌性果斑病的相关内容。

⚠️ **注意** 阴雨天不宜进行农事作业，以免形成伤口，引起病菌侵染。

16. 西瓜疫病 >>>>

［症状］

叶片发病出现水浸状不规则形褐色病斑。茎秆或叶柄发病，出现水渍状椭圆形病斑。果实感病，发病部位变软腐烂，后期出现稀疏白霉（图1-26），即病原菌的孢囊梗和孢子囊。

图1-26 西瓜疫病果实受害状

〔病原〕

病原菌为 *Phytophthora drechsleri* Tucker，称为掘氏疫霉，属鞭毛菌门真菌。

〔发病规律〕

以卵孢子在土壤中越冬。第二年产生孢子囊直接萌发芽管或形成游动孢子侵染寄主。低温、高湿条件下发病重。

〔防治方法〕

1）种子消毒。可用种子重量 0.3% 左右的 25% 的甲霜灵可湿性粉剂浸泡消毒 30min。

2）加强苗床管理。选择地势高、排水方便的位置做苗床，播前浇足底水，出苗后不浇水或少浇水。

3）适当密植，及时放风，浇水时不要大水漫灌，降低温室内湿度。

4）药剂防治。发病初期喷洒 52.5% 的噁唑菌酮·霜脲可湿性粉剂 600 倍液、3% 的噁霉·甲霜水剂 500 倍液、70% 的乙铝·锰锌可湿性粉剂 500 倍液或 64% 的噁霜·锰锌可湿性粉剂 600~800 倍液。土壤湿度不大时，可用上述药剂灌根防治。

 提示　培育壮苗，最好进行苗床及土壤消毒。

17. 甜瓜白粉病 >>>>

〔症状〕

甜瓜白粉病主要为害叶片。发病初期，叶片常先出现边缘不清晰的褪绿黄斑（图1-27）。随病情发展，病斑表面出现白色粉状物（图1-28），到后期病斑颜色变为褐色（图1-29）。

图1-27　甜瓜白粉病叶片出现褪绿黄斑

图1-28　甜瓜白粉病典型症状

图1-29 甜瓜白粉病后期症状

〔病原〕

病原菌为 *Sphaerotheca cucurbitae*（Jacz.）Z. Y. Zhao，称为瓜类单囊壳，属子囊菌门真菌。

〔发病规律及防治方法〕

参见西瓜白粉病的相关内容。

📢 提示 白粉病菌分生孢子在水中容易破裂，因此喷药时可对白粉病严重的叶片多喷一些，最好达到有药液滴下的程度。

18. 甜瓜斑点病 >>>>

〔症状〕

叶片出现较多椭圆形或近圆形白色至黄褐色病斑，有的病斑外有黄色晕圈，病斑后期易破裂穿孔（图1-30）。

33

图1-30 甜瓜斑点病病叶

〔病原〕

病原菌为 *Cercospora citrullina* Cooke，称为瓜类尾孢，属半知菌门真菌。

〔发病规律〕

病原菌主要以分生孢子或菌丝体在土壤中的病残体上越冬。第二年春天产生分生孢子通过气流或雨水飞溅传播，进行初侵染和再侵染。湿度大时发病重。

〔防治方法〕

1）选用抗病品种。

2）加强栽培管理。合理密植，控制浇水量，及时放风，降低湿度并适当增施磷钾肥。

3）药剂防治。提前喷药预防，发病后及时喷洒25%的醚菌酯悬浮剂1500倍液、50%的福·异菌可湿性粉剂500倍液或50%的咪鲜胺锰盐可湿性粉剂1500倍液。7~10天喷1次，连喷2~3次。

📢 提示 连阴雨天或温室内浇水过多时，病害易发生，应在连阴雨天后及时用药。

19. 甜瓜瓜链格孢叶枯病 >>>>

〔症状〕

甜瓜瓜链格孢叶枯病主要为害叶片。发病初期叶片上产生褪绿色小黄点，后扩展成椭圆形至近圆形褐色病斑（图1-31）。

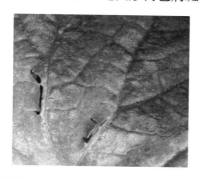

图1-31 甜瓜瓜链格孢叶枯病病叶

〔病原〕

病原菌为 *Alternaria cucumerina*（Ell. et Ev.）Elliott，称为瓜链格孢，属半知菌门真菌。

〔发病规律〕

病原菌多以菌丝体及分生孢子随病残体在土中存活越冬。病原菌为弱寄生菌，在土壤中可营较长时间的腐生生活。寄主生长势衰弱时易受侵害。

〔防治方法〕

1）及时摘除发病严重的病叶，增施有机肥，提高植株抗病能力。

2）注意通风降湿，避免出现高温、高湿情况。

3）药剂防治。可喷洒 45% 的噻菌灵悬浮剂 1000 倍液、50% 的咪鲜胺锰盐可湿性粉剂 1500 ~ 2500 倍液、50% 的甲基硫菌灵悬浮剂 800 倍液或 50% 的多·硫悬浮剂 500 倍液等。

提示　露地栽培，在夏季多雨季节进行遮阴避雨有利于减轻发病。

20. 甜瓜褐脉病 >>>>

〔症状〕

甜瓜褐脉病又称甜瓜叶脉坏死病毒病，发病初期叶片细脉褪绿变褐，呈网状坏死（图 1-32），后逐渐形成褐色坏死大斑，致病叶局部枯死（图 1-33）。

图 1-32　甜瓜褐脉病初期叶脉变褐

图1-33 甜瓜褐脉病后期症状

〔病原〕

香甜瓜叶脉坏死病毒（Melon Vein Necrosis Virus，MVNV）。

〔发病规律〕

病毒主要依靠桃蚜、豆蚜、蓟马等媒介昆虫传毒。高温干旱的天气和蚜虫发生量大，管理粗放，田间杂草丛生时容易发病。

〔防治方法〕

1）选用抗病品种。

2）种子消毒。用10%的磷酸三钠溶液浸种20min，清水冲洗30min，或将充分干燥的种子在70℃的恒温箱中消毒处理72h。

3）防治蚜虫、蓟马等媒介昆虫。

4）药剂防治。发病初期喷洒1.5%的烷醇·硫酸铜乳剂1000倍液，或20%的盐酸吗啉胍可湿性粉剂500倍液，或2%的宁南霉素水剂300倍液，或混合脂肪酸水乳剂100倍液等药剂。

连喷 3 ~ 4 次。

21. 甜瓜黑星病 >>>>

〔症状〕

黑星病在甜瓜上以为害果实为主。果面出现星状裂口病斑，湿度大时病斑常伴有黄红色黏稠物（图 1-34）。

图 1-34 甜瓜黑星病果实受害状

〔病原〕

病原菌为 *Cladosporium cucumerinum* Ell. et Arthur，称为瓜枝孢，属半知菌门真菌。

〔发病规律及防治方法〕

参见西瓜黑星病的相关内容。

22. 甜瓜红粉病 >>>>

〔症状〕

红粉病主要为害叶片，先出现黄褐色水浸状斑，后变浅褐色至红褐色（图1-35），病斑凹陷，湿度大时出现白色致密霉层，后变为粉红色绒状霉层。

图1-35 甜瓜红粉病病叶

〔病原〕

病原菌为 *Trichothecium roseum*（Pers.）Link，称为粉红单端孢，属半知菌门真菌。菌落初为白色，后渐变为粉红色。分生孢子梗直立不分枝，无色；分生孢子顶生，单独形成，常聚集成头状，呈浅红色。分生孢子呈倒梨形，为无色或半透明，成熟时具1个隔膜，隔膜处略缢缩，大小为$(15 \sim 28)\mu m \times (8 \sim 16)\mu m$。

〔发病规律〕

病原菌一般以菌丝体随病残体在土壤中越冬，第二年春天环境条件适宜时产生分生孢子，通过风雨传播到植株叶片上，多从伤口侵入。发病后，病部又产生大量分生孢子进行再侵染。病原菌发育适温为 25～30℃，相对湿度高于 90% 时发病较重。湿度大、光照不足、通风不良、植株徒长、植株衰弱等原因易造成该病发生流行。

〔防治方法〕

1）适度密植，及时整枝、绑蔓。适时放风降湿，降低温室内湿度，雨后及时排水。使用无滴膜，防止棚顶滴水。

2）苗期最好进行炼苗、蹲苗，培育壮苗。植株生长势较弱时易得红粉病，因此结果期应保证营养供给，同时注意坐果适量。

3）增施有机肥及磷钾肥，提高植株抗病能力。

4）发病前可用 15% 的百菌清烟剂预防，用药量为 250～300g/亩。发病后可喷洒 20% 的噻菌铜悬浮剂 500 倍液、25% 的络氨铜水剂 500 倍液、50% 的咪鲜胺锰盐可湿性粉剂 1500 倍液或 25% 的戊唑醇可湿性粉剂 1500 倍液等药剂。7～10 天喷 1 次，连喷 2～3 次。

 提示　苗期最好进行炼苗、蹲苗，培育壮苗。

23. 甜瓜花腐病 >>>>

〔症状〕

花腐病主要为害花，多从花蒂部侵染，向上蔓延到幼瓜，花发生水渍状褐色腐烂（图 1-36），湿度大时可见稀疏白色毛状物，有时可见黑色头状物（孢囊梗及孢子囊）。幼瓜多从顶部发病，呈水浸状，后向上发展并逐渐褐变。

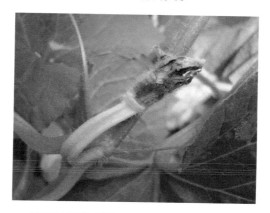

图1-36 甜瓜花腐病为害花部症状

〔病原〕

病原菌为 *Choanephora cucurbitarum*（Berk. et Rav.）Thaxt，称为瓜笄霉，属接合菌门真菌。孢囊梗长 3～6mm。无性繁殖时可产生大型孢子囊及小型孢子囊两种类型，孢子囊内产生孢囊孢子。

〔发病规律及防治方法〕

参见西瓜花腐病的相关内容。

24. 甜瓜枯萎病 >>>>

〔症状〕

枯萎病一般在结果后表现出症状，地上部分在中午高温期间表现萎蔫症状，早期晚间可恢复，后期严重时不能恢复（图1-37）。

植株茎基部出现黄褐色条斑，严重时茎蔓纵裂，拔出根部可见根茎部变为褐色，尤其内部变色更严重（图1-38）。

图1-37　甜瓜枯萎病病株

图1-38　甜瓜枯萎病维管束开始褐变

〔病原〕

病原菌为 *Fusarium oxysporum*（Schl.）f. sp. *cucumerinum* Owen.，称为尖镰孢菌黄瓜专化型，属半知菌门真菌。

〔发病规律〕

甜瓜枯萎病为土传、种传病害。土壤过湿、连作年限长、地下害虫多的情况下发病重。

〔防治方法〕

1）种子消毒。播前用52℃的温水浸种30min，或用50%的多菌灵可湿性粉剂500倍液浸种1h，洗净后播种。

2）实行轮作。有条件的地区提倡水旱轮作，杀灭土壤中的病原菌。发现病株时，及时拔除，并撒施生石灰消毒。

3）嫁接防病。选用黑籽南瓜做嫁接砧木，能有效预防枯萎病。

4）药剂防治。发病初期喷洒30%的噁霉灵水剂1000倍液、50%的多·硫悬浮剂500倍液或54.5%的噁霉·福可湿性粉剂800倍液，此外可用77%的氢氧化铜可湿性粉剂500倍液或12.5%的增效多菌灵可溶性液剂200倍液灌根，每株用量为100~150mL，一般5~7天灌1次。

 提示　最好进行土壤消毒，同时注意雨后排水。

25. 甜瓜镰刀菌果腐病 >>>>

〔症状〕

镰刀菌果腐病主要为害果实。先出现近圆形略凹陷的浅褐色水浸状病斑，病部有的略开裂，裂口上生出白色绒状菌丝体（图1-39），有时呈粉红色，或出现橙红色黏质小粒，即病原菌的分生孢子座。发病后期果实变软收缩，病部颜色变为深红色。

图1-39　甜瓜镰刀菌果腐病出现白色绒状菌丝体

〔病原、发病规律及防治方法〕

参见西瓜镰刀菌果腐病的相关内容。

26. 甜瓜蔓枯病　>>>>

〔症状〕

蔓枯病可为害叶片、茎蔓、果实等部位。叶片发病病斑多沿叶片边缘呈"V"字形或半圆形发展（图1-40），从叶片内部发病病斑多呈近圆形（图1-41），病斑呈黄褐色至褐色，后期易破裂，并出现许多小黑点（生长前期为分生孢子器，生长后期为子囊壳）。茎蔓受害，出现椭圆形或梭形病斑，白色至黄褐色，病斑常开裂，潮湿时可分泌雄黄色胶状黏液，干燥时病部呈黄褐色至红褐色（图1-42）。果实受害，症状与茎蔓相似（图1-43）。

图1-40　甜瓜蔓枯病半圆形病斑

图1-41　甜瓜蔓枯病近圆形病斑

图1-42　甜瓜蔓枯病茎蔓受害状

图1-43 甜瓜蔓枯病果实受害状

〔病原及发病规律〕

参见西瓜蔓枯病的相关内容。

〔防治方法〕

1）与非瓜类蔬菜实行2年以上的轮作。

2）从无病株留种，或进行种子消毒，可采用温汤浸种，一般在52℃的温水中浸种30min，也可用种子重量0.3%的百菌清可湿粉拌种。

3）加强温室内温湿度的调控，创造高温、低湿的生态环境条件，控制蔓枯病的发生与发展。温室内夜间空气相对湿度较高，一般在90%以上，早上拉起草帘后，要尽快打开通风口，通风排湿，降低温室内湿度，并以较低温度控制病害发展。上午9点以后室内温度上升较快时，关闭通风口，使温度快速提升至33℃，并要尽力维持在33～35℃，以高温度和低湿度控制病害发展。下午4点以后逐渐加大通风口，加速排湿。覆盖草帘前，只要室温不低于16℃，就要尽量加大风口，若温度低于16℃，须及时关闭风口进行保温。

4）药剂防治。发病前可每 10～15 天喷洒 1 次波尔多液（硫酸铜：生石灰：水 =1：0.7：200）进行保护。发病后可喷洒 25% 的嘧菌脂胶悬剂 1500 倍，或 10% 的苯醚甲环唑可分散粒剂 1500 倍液，或 70% 的甲霜灵锰锌可湿性粉剂等进行防治，温室也可用 30% 的百菌清烟剂熏烟，用量为 250g／亩，7～10 天施药 1 次，连续防治 2 次。

27. 甜瓜煤污病 >>>>

〔症状〕

煤污病病原菌为外寄生菌，主要影响植物的光合作用，可为害叶片、果实、花萼、茎秆等部位。叶片发病，叶面出现褐色至黑色霉状物（图 1-44），后期霉层加厚，严重影响叶片的光合作用。叶片背面可见白粉虱、蚜虫等害虫活动。为害果实，青果、着色后的果实均可受害，影响果实着色，导致着色不良。

图 1-44　甜瓜煤污病病叶

【病原】

病原菌为 *Meliola spp.*，小煤炱属真菌，属子囊菌门真菌。

【发病规律】

煤污病主要因蚜虫、白粉虱等分泌的蜜露滋生所致，故害虫危害重时，病害发生重，害虫危害轻时，病害发生轻。

【防治方法】

1）防治蚜虫、白粉虱。喷洒 10% 的烯啶虫胺可溶性液剂 1500 倍液，或 25% 的噻嗪酮可湿性粉剂 1000 倍液。根据害虫发生情况，7～10 天喷 1 次。

2）药剂防治。发病初期喷洒 47% 的春雷·王铜可湿性粉剂 600 倍液，或 36% 的甲基硫菌灵悬浮剂 600 倍液。7 天喷 1 次，连喷 2～3 次。

 提示　栽培时要合理密植，保持植株间通风透光。

28. 甜瓜霜霉病 >>>>

【症状】

霜霉病主要为害叶片，苗期、成株期均可发病。苗期发病，叶片出现褐色或黄白色不规则病斑。成株期发病，叶片初现较多近圆形黄色小病斑，后病斑发展为不规则形，颜色多变浅为褐色或浅黄色（图1-45），叶片背面出现黑色霉层（图1-46），即病原菌的孢囊梗及孢子囊（图1-47）。发病严重时叶片枯死。

图1-45　甜瓜霜霉病典型症状

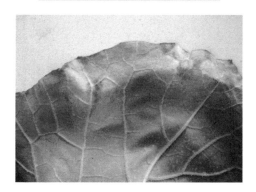

图1-46　甜瓜霜霉病病叶背面出现黑色霉层

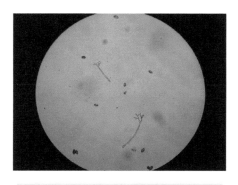

图1-47　病原菌的孢囊梗及孢子囊

〔病原〕

病原菌为 *Pseudoperonospora cubensis*（Berk. et Curt.）Rostov.，称为古巴假霜霉菌，属鞭毛菌门真菌。

〔发病规律〕

病原菌为专性寄生菌，离开植株后难以长期存活，所以病原菌一般在植株上越冬。孢子囊依靠风、雨传播，湿度高时，孢子囊可萌发产生游动孢子进行侵染。潜育期较短，一般为 3～5 天，短时间内可产生大量病原菌，病害易暴发流行。病害在低温高湿环境条件下发病重。

〔防治方法〕

1）培育健壮无病幼苗。育苗地与生产地要隔离，定植时严格淘汰病苗。

2）科学施肥。施足基肥，生长期不要过多追施氮肥，以提高植株的抗病力。进行叶面喷肥，提高碳元素含量，可提高植株的抗病力。

3）加强栽培管理。改革耕作方法，改善生态环境，实行地膜覆盖，减少土壤水分蒸发，降低空气湿度，并提高地温。进行膜下暗灌，在晴天上午浇水，严禁阴雨天浇水，防止湿度过大，叶片结露。浇水后及时排除湿气。加强温湿度管理，上午将温室温度控制在 28～32℃，空气相对湿度保持在 60%～70%，每天放风不宜过早。

4）药剂防治。发现中心病株或病区后，应及时摘掉病叶，迅速在其周围进行化学保护。一般 4～7 天喷药 1 次，根据当时结露情况确定 2 次喷药间隔时间。露重时，间隔期要短。药剂主要有 70% 的乙磷·锰锌 500 倍液、72.2% 的霜霉威水剂 800 倍液、50% 的福美双可湿性粉剂 500 倍液或 53% 的精甲霜·锰锌水分散粒剂 500 倍液等。湿度过高时，可采用烟雾法进行防治，用量为 45% 的百菌清烟剂约 220g/亩，均匀放在垄沟内，将温室密闭，点燃烟熏，熏 1 夜后放风。

> 📢 提示　天气晴朗时，中午期间关闭放风口，升高棚内温度达 38 ~ 40℃，维持 2h 左右，可杀死部分病原菌。

29. 甜瓜丝核菌果腐病 >>>>

[症状]

丝核菌果腐病发病率较低，但有时危害较重。主要为害果实，植株下部靠近地面的果实发病，多从果实脐部发病，出现水浸状浅褐色病斑（图 1-48），病斑逐渐扩展，略凹陷。湿度大时病斑表面有褐色蛛状菌丝。

图 1-48　甜瓜丝核菌果腐病果实受害状

〔病原〕

病原菌为 *Rhizoctonia solani* Kühn，称为立枯丝核菌，属半知菌门真菌。立枯丝核菌一般不产孢（图1-49）。

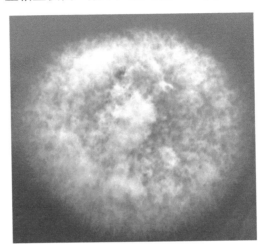

图1-49　病原菌的培养基培养

〔发病规律〕

病原菌以菌丝体或菌核在土壤中越冬。环境条件适宜时，菌丝直接侵染或菌核萌发引起发病，主要通过雨水及灌溉水传播。高温、高湿环境条件下发病重。

〔防治方法〕

1）农业防治。提倡高畦栽培，适度密植。保持田间通风透光，降低温室内湿度。植株下部果实及时采收，避免染病。

2）化学防治。发病后可喷洒5%的井冈霉素水剂1500倍液，或50%的甲基硫菌灵可湿性粉剂800倍液，或20%的甲基立枯磷乳油1000倍液。

提示　喷施农药时重点喷洒中下部，最好也对地面土壤进行喷洒。

30. 甜瓜炭疽病 >>>>

[症状]

炭疽病主要为害叶片及茎蔓。叶片发病，常出现近圆形褐色病斑，稍凹陷（图1-50）。侵染茎蔓，常出现苍白色至褐色长条形或梭形病斑（图1-51）。

图1-50　甜瓜炭疽病病叶

图1-51　甜瓜炭疽病茎蔓受害状

[病原]

病原菌为 *Colletotrichum orbiculare*（Berk. & Mont.）Arx.，称为葫芦科刺盘孢，属半知菌门真菌。

〔发病规律〕

主要以菌丝体和拟菌核随病残体在土壤中越冬，也能潜伏在种皮上越冬。第二年形成分生孢子盘，进而产生分生孢子随风雨传播到寄主上进行初侵染。病原菌生长适宜温度为 20～27℃。土质过黏、湿度过大、氮肥施用过多、光照不足的环境条件下发病重。

〔防治方法〕

1）选用抗病品种。

2）种子消毒。播种前用 45℃ 的温水浸种 10min，或用 40% 的福尔马林 200 倍液浸种 30min，用清水洗净。

3）药剂防治。发病初期开始喷药，可用 25% 的咪鲜胺乳油 1000 倍液、50% 的甲基硫菌灵可湿性粉剂 500 倍液、80% 的福·福锌可湿性粉剂 1000 倍液、30% 的苯噻氰乳油 1000 倍液或 40% 的多·福·溴菌可湿性粉剂 500 倍液喷雾防治。7～10 天喷 1 次，连喷 2～3 次。

提示　使用咪鲜胺防治病害时要注意施药浓度，避免产生药害，抑制生长。

31. 甜瓜细菌性果斑病 >>>>

〔症状〕

细菌性果斑病主要为害叶片及果实。叶片发病，出现不规则形褐色水浸状病斑（图1-52）。果实发病，果面初现水浸状不规则病斑（图1-53），切开果实可见病瓜内部也出现软腐状病变（图1-54）。

图 1-52　甜瓜细菌性果斑病病叶

图 1-53　甜瓜细菌性果斑病果实受害状

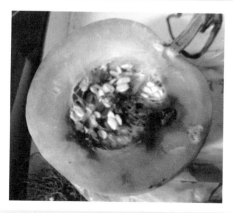

图 1-54　甜瓜细菌性果斑病果实内部发病

〔病原〕

病原菌为 *Pseudomonas pseudoalcaligenes* subsp. *citrulli* Schaad et al，称为类产碱假单胞菌西瓜亚种（西瓜细菌斑点假单胞菌），属薄壁菌门细菌。

〔发病规律及防治方法〕

参见西瓜细菌性果斑病的相关内容。

32. 甜瓜细菌性角斑病 >>>>

〔症状〕

细菌性角斑病主要为害叶片。叶面初现水浸状小黄点，后病斑扩展为多角形黄褐色至深褐色病斑（图1-55）。湿度高时病斑背面常出现白色脓状物，风干变为白色胶状物（图1-56），后期病斑易破裂穿孔。

图1-55　甜瓜细菌性角斑病叶片正面

图1-56 甜瓜细菌性角斑病叶片背面

〔病原〕

病原菌为 *Pseudomonas syringae* pv. *lachrymans*（Smith et Bryan）Young，Dye & Wilkie，称为丁香假单胞杆菌流泪致病变种，属薄壁菌门细菌。

〔发病规律及防治方法〕

参见西瓜细菌性褐斑病的相关内容。

33. 甜瓜细菌性枯萎病 >>>>

〔症状〕

受害植株发生萎蔫，多从上部叶片开始，发展速度快。受害处茎蔓出现水浸状褐变（图1-57 和图1-58）。果实受害出现不规则形褐色病斑，稍凹陷，湿度大时出现白色菌脓（图1-59）。与真菌性枯萎病不同的是，该病维管束一般不变褐。

图 1-57   甜瓜细菌性枯萎病茎蔓受害初期症状

图 1-58   甜瓜细菌性枯萎病茎蔓受害中期症状

图 1-59   甜瓜细菌性枯萎病果实受害状

〔病原〕

病原菌为 *Erwinia amylovora* var. *tracheiphila*（Smith）Dye，称为解淀粉欧文氏菌嗜管变种，属变形菌门细菌。

〔发病规律〕

该病为系统性侵染的维管束病害，有报道称该病病原菌由黄瓜甲虫传播，相关研究报道较少。

〔防治方法〕

1）种子消毒。温汤浸种，可用50℃的温水浸种30min。药剂处理，可用种子重量0.3%左右的50%的琥胶肥酸铜可湿性粉剂拌种。浸泡后的种子用水充分冲洗后晾干播种。

2）加强栽培管理。合理浇水，及时通风，降低温室内湿度。

3）药剂防治。发现病株及时进行防治。可选用77%的氢氧化铜可湿性粉剂500~800倍液，或72%的农用链霉素可湿性粉剂，或90%的链·土可溶性粉剂3500倍液，或20%的叶枯唑可湿性粉剂500倍液。7天喷1次，连喷2~3次。也可用上述药剂进行灌根，每株用量为150mL左右。

 提示　雨后及时排水，发病重的地区进行土壤消毒。

34. 甜瓜细菌性软腐病 >>>>

〔症状〕

细菌性软腐病主要为害果实。多由伤口或生理伤口引发，果实病变软化（图1-60），从病部向内腐烂，散发出恶臭味。茎蔓受害，呈水浸状褐色病变（图 1-61）。

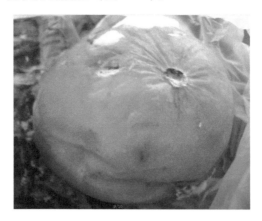

图 1-60 甜瓜细菌性软腐病果实受害状

图 1-61 甜瓜细菌性软腐病茎蔓受害状

【病原】

病原菌为 *Erwinia carotovora* subsp. *carotovora* （Jones） Bergey et al.，称为胡萝卜软腐欧氏杆菌软腐亚种，属薄壁菌门细菌。

【发病规律及防治方法】

参见西瓜细菌性果斑病的相关内容。

35. 甜瓜细菌性叶斑病 >>>>

【症状】

　　细菌性叶斑病主要为害叶片。发病初期叶片出现油浸状白色病斑，病斑稍凸起，呈半透明状（图1-62），后期病斑常联合。湿度大时，病斑背面常溢出菌脓（图1-63）。

图1-62 甜瓜细菌性叶斑病叶片正面

图1-63 甜瓜细菌性叶斑病叶片背面

〔病原〕

病原菌为 *Pseudomonas syringae* pv. *lachrymans*（Smith et Bryan）Young，Dye & Wilkie，称为丁香假单胞杆菌黄瓜角斑病致病型，属普罗特斯门细菌。

〔发病规律〕

病原菌以菌体在种子、病残体及土壤里越冬，主要通过雨水飞溅或整枝、打杈等农事活动传播。低温多雨、大水漫灌、阴天进行农事作业易发病。

〔防治方法〕

1）农业防治。收获后及时清除病残体，与非瓜类作物实行轮作。

2）种子消毒。可用55℃的温水浸种15min。

3）药剂防治。发病初期可以喷72%的农用硫酸链霉素可溶性粉剂3000倍液，或23%的氢铜·霜脲可湿性粉剂800倍液，或3%的中生菌素可湿性粉剂800倍液。7天喷1次，连喷3～4次。

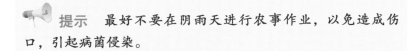

提示　最好不要在阴雨天进行农事作业，以免造成伤口，引起病菌侵染。

36. 甜瓜细菌性叶枯病　>>>>

〔症状〕

细菌性叶枯病主要为害叶片。叶片初现米粒状褪绿斑（图1-64），后扩展为圆形或近圆形浅黄色至褐色病斑，病斑较薄，半透明（图1-65），后期病斑常联合，导致叶枯。果实受害，果面出现数量较多、密密麻麻米粒大小的水浸状病斑（图1-66）。

图1-64 甜瓜细菌性叶枯病叶片发病初期症状

图1-65 甜瓜细菌性叶枯病叶片发病中期症状

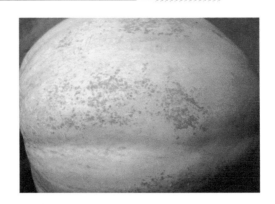

图1-66 甜瓜细菌性叶枯病果实受害状

〔病原〕

病原菌为 *Xanthomonas campestris* pv. *cucubitae*（Bryan） Dye，称为野油菜黄单胞菌黄瓜叶斑病致病变种，属薄壁菌门细菌。

〔发病规律〕

病原菌随病残体在土壤中越冬。通过雨水、灌溉水、农事作业等传播，由植株的伤口、气孔等孔口侵入。发病后，病斑产生菌体，借助雨水传播到健康植株上引起再侵染。

〔防治方法〕

1）种子消毒。可用55℃的温水浸种30min，也可利用干热灭菌，将干种子放在烘箱中，在70℃的环境下保温72h或者在80℃的环境下保温24h。

2）实行轮作。有条件的地区可实行水旱轮作，可杀死大量土壤中的菌源。

3）药剂防治。平时预防及治疗可选用下列药剂：20%的叶枯唑可湿性粉剂800倍液、77%的氢氧化铜可湿性粉剂800倍液、25%的络氨铜水剂500倍液或72%的农用链霉素可溶性粉剂4000倍液。

37. 甜瓜细菌性缘枯病 >>>>

〔症状〕

　　细菌性缘枯病主要为害叶片。多从叶缘开始发病，田间湿度低时，病斑干燥呈薄纸状（图1-67和图1-68），湿度大时，病斑呈水渍状软腐，病斑有时具有黄绿色晕圈。在空气潮湿的情况下，病斑边缘可溢出白色菌脓。

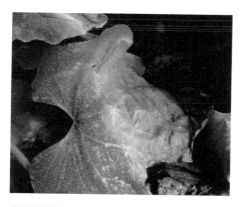

图1-67　甜瓜细菌性缘枯病叶片正面

图1-68　甜瓜细菌性缘枯病叶片背面

〔病原〕

病原菌为 *Pseudomonas marginalis* pv. *marginalis*（Brown）Stevens，称为边缘假单胞菌边缘假单胞致病型，属普罗特斯细菌。

〔发病规律及防治方法〕

参见甜瓜细菌性叶斑病的相关内容。

提示　叶缘吐水多的品种发病较重，吐水少的品种发病轻。

38. 甜瓜枝孢褐斑病 >>>>

〔症状〕

枝孢褐斑病主要为害叶片。幼苗发病，初现不规则形褐色病斑，后期病斑联合致叶片枯死。成株期发病，病斑近圆形或长椭圆形，呈褐色，有时病斑外有黄色晕圈（图1-69），发展后病斑融合，引起叶片干枯死亡。

图1-69　甜瓜枝孢褐斑病病叶

〔病原〕

病原菌为 *Cladosporium capsici*（Marchal et Steyaert）Kovacevski，Cercospora Wolf capsici Heald et，称为辣椒枝孢，属半知菌门真菌。

〔发病规律〕

病原菌以菌丝体或分生孢子在病残体中越冬。第二年以分生孢子进行侵染，随气流、雨水、灌溉水等传播。高温、高湿环境条件下发病重。

〔防治方法〕

1）增施有机肥或有机活性肥，注意氮磷钾配合，避免缺肥，增强寄主的抗病力。

2）及时清除病残体，降低菌源量。

3）发病初期及时喷洒 50% 的多菌灵磺酸盐可湿性粉剂 800 倍液、25% 的醚菌酯悬浮剂 1000～1500 倍液或 10% 的苯醚甲环唑水分散粒剂 1500 倍液等。

⚠ 注意　枝孢褐斑病一定要以预防为主，一旦发病很难控制。唑类药剂效果较好，但花前生长期应注意用量及次数，以免抑制生长。

二、生理性病害

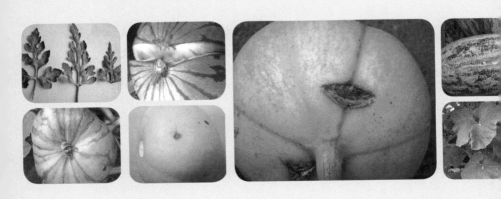

1. 西瓜除草剂药害 >>>>

〔症状〕

因2，4-D丁酯属激素类除草剂，受害的西瓜叶片出现激素中毒状，叶色浓绿，表面凹凸不平，呈鸡爪状（图2-1）。

图2-1　西瓜除草剂药害

〔病因〕

西瓜出苗前使用2，4-D丁酯等除草剂较多或使用间隔时间过短。

〔防治方法〕

1）合理使用2，4-D丁酯等除草剂。

2）及时去除受害严重的叶片，通过浇水及对叶片喷水可减轻危害。

3）喷洒1.8%的复硝酚钠水剂5000～6000倍液，以促进植株细胞质流通，有助于恢复生长。

2. 西瓜花斑症 >>>>

〔症状〕

叶片叶脉间出现黄白色
至褐色的不规则形花斑，叶
片老化僵硬（图2-2），有时
出现卷曲畸形。

〔病因〕

花斑症主要由叶片中碳
水化合物过量积累引起。如
白天阳光好，通过光合作用

图2-2 西瓜花斑症病叶

合成较多的碳水化合物，而夜温过低，消耗及运输的化合物过
少。过度采摘果实等也会引起化合物积累。另外，过量使用农
药、根系受伤、缺乏微量元素、缺水等均会引起叶片老化，也会
表现为花斑症。

〔防治方法〕

1）温度调控。日间光照过强时使用遮阳网，夜温过低时采
取加温措施，以促进光合产物的正常运输。

2）及时浇水，保持土壤湿润。

3）合理使用农药，适时补充钙、硼、锌等微量元素。

提示 发生花斑症说明叶片老化严重，日常管理较粗
放，应通过精细管理来减轻症状。

3. 西瓜畸形瓜 >>>>

〔症状〕

果实形状出现异常，形成畸形果（图2-3）。

图2-3 西瓜畸形瓜

〔病因〕

主要因西瓜雌花未受精或受精不完全引起。因受精不良，果实中不能形成种子或只在部分位置形成少量种子，导致果实各部位发育不平衡，形成畸形瓜。低温、高温、高湿、营养不良、病虫害发生严重的环境条件下，容易引起受精不良。

〔防治方法〕

1）开花授粉期间避免低温、高温等环境条件。

2）加强水肥供应。尤其在坐果期要保证充足的养分供应。

3）及时防治病虫害，增强植株长势。

4）增施二氧化碳气体肥料，以利于有机营养的生产与积累。

提示 预防畸形瓜的关键在于，在植株花芽分化期间提供良好的温度、湿度及营养条件。

4. 西瓜裂果 >>>>

〔症状〕

西瓜果实出现不同形式的开裂现象（图2-4）。

图2-4 西瓜裂果

〔病因〕

主要因一次浇水过多引起，尤其是个别西瓜品种果皮薄，成熟过度时极易发生裂果现象。因强光、农药使用过多导致果皮老化时也易发生裂果。

〔防治方法〕

1）种植果皮厚、不易裂果的品种。

2）果实成熟后及时采收。

3）合理浇水，不要一次浇水过多，避免大水漫灌。

4）在西瓜结果期喷洒硼肥、钙肥，增强果皮厚度及韧度，可有效减少裂果现象。

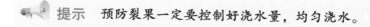 提示　预防裂果一定要控制好浇水量，均匀浇水。

5. 西瓜盐害 >>>>

〔症状〕

西瓜叶片边缘出现黄绿色病变，严重时病变部位变褐坏死（图2-5）。

图2-5　西瓜盐害叶片受害状

〔病因〕

化肥使用过多，引起土壤酸化，土壤内盐离子含量高，影响植株对水分及养分的正常吸收，进而影响植株正常的生理代谢及生长。

〖防治方法〗

1）多施有机肥及生物肥，合理使用化肥。

2）灌水排盐。在温室间歇期进行大水漫灌，水面高于地表5~10cm，浸泡5~10天后排除积水。

3）如果土壤盐渍化过重，可采取温室换土的方法改善土壤品质。

提示　改变"多施肥多结果"的不正确观念，以有机肥为主，逐步改善土壤品质。

6. 甜瓜保瓜激素药害 >>>>

〖症状〗

叶片受害部向上隆起，呈疱疹状（图2-6），后期病斑褪绿变黄（图2-7）。

图2-6　甜瓜保瓜激素致叶片轻度受害状

图 2-7 甜瓜保瓜激素致叶片中度受害状

〔病因〕

甜瓜保瓜激素（蘸花药）滴落到叶片上引起。

〔防治方法〕

1）蘸花时注意不要将药液滴在叶片上。

2）药害发生后，视危害程度，喷洒 1.4% 的复硝酚钠水剂 5000 倍液或 0.136% 的芸薹·吲乙·赤霉酸可湿性粉剂 10 000 倍液。

 提示 及时摘除受害严重的老叶。

7. 甜瓜发酵瓜 >>>>

〔症状〕

果实表面初现水渍状不规则或近圆形褐色水浸状病斑（图 2-8），

随病情加重，病斑增多，且有病斑融合现象（图2-9）。切开病瓜后可见果实内部呈发酵状腐烂，部分组织出现木栓化病变（图2-10）。

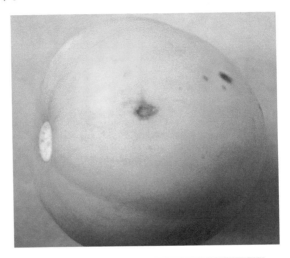

图2-8 甜瓜发酵瓜果面出现水浸状病斑

图2-9 甜瓜发酵瓜典型症状

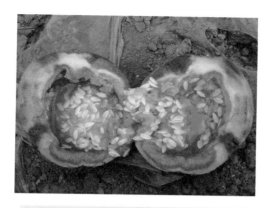

图 2-10 甜瓜发酵瓜病瓜内部呈发酵状

〔病因〕

主要由缺钙引起。温度过高、施用氮肥过多、根系发育不良等阻碍植株对钙的吸收及影响钙向果实的运输，易形成发酵瓜。另外，甜瓜成熟后长时间不采摘也容易形成发酵瓜。

〔防治方法〕

1）加强肥水管理。不宜偏施氮肥，并注意适时补充钙、镁等元素。浇水应注意水量，不可一次浇水过多，同时应保持土壤疏松，以促进根系发度。

2）甜瓜成熟后及时采收，防止成熟过度。

8. 甜瓜高温障碍 >>>>

〔症状〕

甜瓜高温障碍主要为害叶片。受害时，叶面出现近圆形黄白色至褐色干枯斑（图2-11），叶缘易卷曲，受害重时出现大型褐色病斑。

图 2-11　甜瓜高温障碍叶片受害状

〔病因〕

　　田间或温室内温度长时间高于 35 ~ 40℃ 即会受害，因叶片进行正常生理活动所需各种酶的活性在高温条件下受抑制，引起叶片出现异常。

〔防治方法〕

　　1）环境温度高时，使用遮阳网或降温剂，降低温室内温度。

　　2）适时通风，叶面喷水，降低温度。

　　3）在环境温度升高前喷洒 0.1% 的硫酸锌或硫酸铜溶液，有助于提高耐热性。

　　　提示　预防高温障碍最好的办法是使用遮阳网，如果没有，可以将用土混合的泥水泼在大棚薄膜上，降低光照强度。

9. 甜瓜褐色小斑症 >>>>

〔症状〕

主要为害叶片。表现为沿叶脉附近出现长条形或不规则形黄白色至浅褐色病斑（图2-12）。

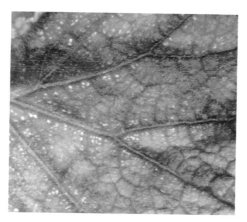

图2-12 甜瓜褐色小斑症病叶

〔病因〕

环境温度低、湿度大、光照弱时施用较多肥料或土壤中已含有大量养分，由于此时植株吸收养分的能力较差，会引起类似于肥害的症状。

〔防治方法〕

1）提高温室的保温性。

2）温度过低时，可通过加开补照灯、大功率电器等方法提升温度。

3）冬季栽培要少浇水，以防天冷时浇水伤根，导致发病。

79

4) 多施有机肥，减少化肥施用量。

提示 褐色小斑症与细菌性叶枯病的症状相似，但褐色小斑症一般发病率较高且分布均匀，而细菌性叶枯病一般有较明显的发病中心。

10. 甜瓜激素中毒 >>>>

〔症状〕

主要为害叶片。典型症状为叶面出现疱疹状突起，受害重时叶片呈条状，叶缘缺刻增多。一般来说，新叶受害重，症状明显，老叶（图2-13）及受害轻的叶片症状不甚明显，在生产中易被忽略。

图2-13 甜瓜激素中毒病叶

〔病因〕

植株在栽培生产过程中，常用各种激素来调节植株的生长，若用量过大或含量过高，易导致激素中毒。

〔防治方法〕

1）使用激素时按规定含量使用。同时应结合气温及不同品种，确定激素的适宜含量。温度高时激素使用含量要相应降低。

2）发现症状后，可用生理平衡剂 100g、白糖 100 ~ 150g，兑水 35kg 进行叶面喷雾，连喷 2 ~ 3 次。激素中毒中后期用 5 ~ 7mL 的胺盐兑水 12.5kg 进行喷施，5 ~ 6 天喷 1 次，可减轻危害，促进生长。

提示　激素多种多样，过量使用容易引起植株早衰，栽培中应结合经验及天气情况确定合理的使用量。

11. 甜瓜急性失水 >>>>

〔症状〕

叶片上出现大小不一的枯白色纸状干枯斑（图 2-14）。

〔病因〕

环境中风速大、温室内温度高时放风过急引起叶片短时间内大量失水所致。

〔防治方法〕

1）风速大、温度高时放风应缓慢进行，逐渐将放风口拉开。

2）喷洒 1.8% 的复硝酚钠可湿性粉剂 5000 ~ 6000 倍液。

图 2-14 甜瓜急性失水叶片症状

📢 提示　可向叶片喷洒一些清水，可减轻发病。

12. 甜瓜焦边叶 >>>>

〔症状〕

甜瓜叶缘褪绿变为黄褐色至深褐色（图 2-15），受害重时呈焦枯状。

〔病因〕

化肥施用量大、土壤中盐离子含量高、化学农药施用过多都易引起焦边叶。

〔防治方法〕

1）多施有机肥及生物菌肥，控制化学肥料用量。

图2-15 甜瓜焦边叶

2）化学农药含量及用药次数不要随意加大。

3）采用大水漫灌的方式稀释土壤中盐离子的含量。

提示　日常栽培种植中加强管理，合理使用化肥及化学农药。

13. 甜瓜裂果 >>>>

【症状】

甜瓜表皮出现大小不一、形状各异的横向或纵向开裂（图2-16和图2-17），湿度大时开裂处常被镰刀菌、链格孢等多种真菌寄生，引起腐烂。

【病因】

一是坐果后期日平均温度低于15℃或夜温突然下降，导致

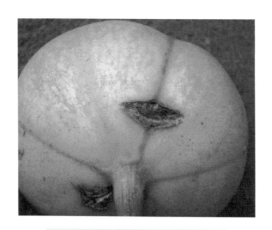

图 2-16 甜瓜裂果轻度为害状

图 2-17 甜瓜裂果中度为害状

裂果。二是蘸花时激素浓度偏高，引起果皮老化，产生裂果。三是肥水管理不当，幼瓜期忽干忽湿，后期近成熟时易开裂。四是氮肥施用过多，瓜秧长势过旺，果实膨大缓慢，致使果皮增厚，容易引起裂果。五是土壤中缺钙和硼，或因温度过高或过低导致根系吸收困难，造成果皮老化，引起裂果。

〔防治方法〕

参见西瓜裂果的相关内容。

14. 甜瓜缺镁 >>>>

〔症状〕

主要在叶片上表现症状。叶脉间先出现模糊的黄化褪绿症状（图2-18），随之褪绿部分黄化加重。因镁元素在植株间移动性较好，故中下部叶片发病较重。

图2-18 甜瓜缺镁叶片症状

〔病因〕

土壤中缺乏镁元素、根系吸收能力差、地温过低或钾肥用量大抑制镁元素的吸收均可引起发病。

〔防治方法〕

1）定植时施足有机肥。

2）提高地温，保障镁元素的吸收。

3）出现症状后喷施0.5%～1.0%的硫酸镁水溶液，3～5天喷1次。

提示　镁元素是甜瓜生长过程中需求量较大的一种中量元素，应定期进行补充，以免缺乏。

15. 甜瓜日灼病 >>>>

【症状】

叶片出现黄白色至褐色干枯斑（图2-19）。

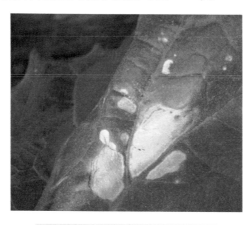

图2-19 甜瓜日灼病典型病斑

【病因】

植株上部叶片因无遮挡，较长时间被强光直射，导致叶片部分组织失水枯死。

〔防治方法〕

1）夏天阳光过强时使用遮阳网遮阴。

2）向叶片喷水有助于降温，可减轻危害。

提示　增施有机肥，有助于提高土壤的保水能力，减轻日灼病的发生。

16. 甜瓜细碎纹裂果 >>>>

〔症状〕

甜瓜的果面上出现多少不一的木栓化龟裂纹（图2-20）。

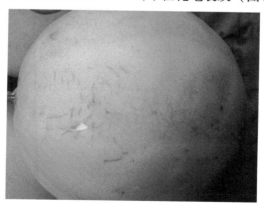

图2-20　甜瓜细碎纹裂果

〔病因〕

除植株缺硼外，其他原因同甜瓜裂果。

〔防治方法〕

1）及时补充硼肥。

2）其他方法参见西瓜裂果的相关内容。

提示　日常管理中注意浇小水，不要间隔很长一段时间待土壤较干时浇大水。

17. 甜瓜药害 >>>>

〔症状〕

甜瓜药害症状多种多样，各不相同。有的叶面出现褐色至黑褐色小点状坏死斑（图2-21），有的引起叶片萎蔫卷曲（图2-22），还有的叶片上形成不规则形状的黄白色枯斑（图2-23），后期发展成纸状枯斑（图2-24）。

图2-21　甜瓜药害（一）

图 2-22　甜瓜药害（二）

图 2-23　甜瓜药害（三）

图 2-24　甜瓜药害（四）

〔病因〕

杀菌剂、杀虫剂等化学农药用量过大、含量过高，高温期间用药或使用对甜瓜敏感的药剂均易引发药害。

〔防治方法〕

1）使用农药前，认真研究用药方法、用药剂量及使用时间，科学用药。

2）发生药害后及时灌水并喷洒赤霉素或芸薹素内酯等生长调节剂，以缓解药害。

提示 将多种杀菌剂、杀虫剂混合使用前，最好进行小范围试验，确定无害后再使用。

三、害　虫

1. 瓜绢螟 >>>>

瓜绢螟属鳞翅目，螟蛾科，又称瓜绢野螟，瓜野螟，在我国主要分布在南方地区。近年随着全球气候变暖，日光温室及冬暖式大棚的推广普及，虫群越冬率上升，瓜绢螟在北方地区发生情况呈现常态化，并有越演越烈之势。该虫主要为害丝瓜、苦瓜、节瓜、黄瓜、甜瓜、冬瓜、西瓜、哈密瓜等瓜类蔬菜，也能为害番茄、茄子、辣椒等多种蔬菜，对蔬菜的产量和品质造成严重影响。

〔学名〕

Diaphania indica Saunders。

〔为害特点〕

瓜绢螟以幼虫为害甜瓜、苦瓜、西葫芦、丝瓜等瓜类蔬菜的幼嫩部分。为害叶片时啃食叶肉，造成叶片穿孔、缺刻或形成近似透明的病斑。虫期到达3龄后，常吐丝将叶片卷合，并在其中为害。幼虫也啃食幼果及幼嫩茎蔓，导致果皮形成疮痂状病斑（图3-1），失去经济价值。幼虫还能钻进幼果、茎蔓及花中为害，严重时引起植株过早死亡。

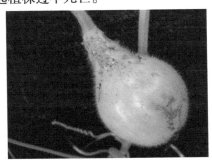

图3-1 受瓜绢螟为害的果实症状

〔形态特征〕

1）成虫：长 1.1～1.6cm，展翅后宽度为 2.8～3.3cm，头部、胸部、尾部呈黑褐色，翅膀边缘呈褐色，翅面中心为白色似丝绢般的三角形区域（图3-2）。

图3-2　瓜绢螟成虫

2）幼虫：体色为青色（图3-3），背部有两条纵向亮白色线带，并伴有黑色气门，各体节有瘤状突起。幼虫老熟后体色变为浅褐色至深褐色（图3-4）。

图3-3　瓜绢螟低龄幼虫

图3-4 瓜绢螟老熟幼虫

3）蛹：呈褐色，头部光滑尖锐，颜色稍浅。

[生活习性]

瓜绢螟在寿光地区1年发生4~5代，其中第1代较整齐，第2代以后存在不同程度的世代重叠情况。5~9月是害虫的为害高峰期，尤其6~9月是第2代和第3代幼虫为害黄瓜、节瓜、甜瓜、西葫芦、苦瓜等瓜类蔬菜幼瓜的关键时期，应格外重视，及时用药，控制虫情发展蔓延。笔者调查发现，瓜绢螟主要以老熟幼虫或蛹在病叶、石板下或表土中越冬。第二年4月底左右羽化，5~6月幼虫开始为害，6月底~9月虫群数量多，世代重叠，为害严重，11~12月进入越冬期。成虫昼伏夜出，白天多隐藏在蔬菜或杂草里面，有一定的趋光性。卵多产于叶背，呈分散状或多粒在一起。幼虫活泼，可借助吐丝转移为害，对温度适应范围较广，15~35℃均可正常生长，最适温度为25~35℃。

[防治方法]

1）农业防治。加强田园的清洁工作，铲除温室周围的杂草，蔬菜收获后及时将蔬菜残体清理出温室，沤成肥料，降低蛹量，降低蛹的成活率。瓜类蔬菜最好实行轮作不连茬。采用防虫网，必要时利用人工捕捉大龄幼虫，摘除有虫的卷叶，降低虫口基数。

2）诱杀成虫。在黄瓜、苦瓜、甜瓜、西葫芦、丝瓜、节瓜等瓜类蔬菜种植较为集中的地区，每年 5～10 月安置频振式杀虫灯或黑光灯，利用成虫的趋光性诱杀成虫，降低产卵量。

3）化学防治。瓜绢螟老熟幼虫的抗药性较强，用药最好在 3 龄之前，选用高效、低毒、低残留药剂。具体操作为，在瓜绢螟 1～3 龄时，喷洒 5% 的氟虫腈悬浮剂 1500 倍液、20% 的氰戊菊酯乳油 2000 倍液、1% 的阿维菌素乳油 2000 倍液、0.5% 的苦参碱 1000 倍液、20% 的氯虫苯甲酰胺悬浮剂 5000 倍液、1% 的甲维盐乳油 1000 倍液、2.5% 的多杀霉素悬浮剂 1500 倍液、40% 的辛硫磷乳油 1000 倍液等药剂进行防治。严禁使用氧化乐果、久效磷等高毒高残留农药，并遵循农药用药间隔期规定，保证蔬菜质量安全。

提示　注意各杀虫机理不同的农药交替使用，以延缓抗药性的产生。

2. 瓜蚜 >>>>

瓜蚜，又名棉蚜，属同翅目，蚜科，俗称蜜虫或油虫，是一种世界性害虫，干旱少雨年份发生重。其主要寄主有黄瓜、西瓜、甜瓜、丝瓜及西葫芦等葫芦科蔬菜。

〔学名〕

Aphis gossypii Glover。

〔为害特点〕

成虫及若虫性喜吸食植株幼嫩部分的汁液。生长点及幼嫩部分受害后，叶片卷缩，常褪绿为灰黄色，严重时叶片干枯死亡。

[形态特征]

有翅胎生雌蚜长 1.2～1.9mm，浅黄绿色，前胸有黑色背板，背面两侧有 3～4 对黑斑（图 3-5）。无翅胎生雌蚜及若蚜体色多变，夏季多为黄绿色，秋季则多呈深绿色或蓝灰色（图 3-6～图 3-8）。

图 3-5　瓜蚜有翅蚜及幼虫

图 3-6　瓜蚜幼虫（一）

图 3-7　瓜蚜幼虫（二）

图 3-8　瓜蚜幼虫（三）

〔生活习性〕

成蚜和若蚜在温室中可常年为害。一般每年发生20余代，月均温度达6~8℃时，越冬卵即孵化为干母，大约1个月后产生有翅蚜并迁飞到露地为害。秋冬季节形成有翅蚜再回到温室内，产生性蚜，交配产卵越冬。一般来说，干旱少雨、植株徒长的地块发病重。

〔防治方法〕

1）农业防治。铲除地块周围杂草，深耕土壤，有利于病残体分解，减少虫源和虫卵寄生场所。

2）物理防治。提倡黄板诱蚜或使用银灰色薄膜避开蚜虫。

3）生物防治。利用瓢虫、草蛉、食蚜蝇、小花蝽、蚜小蜂、蚜霉菌等天敌可有效控制虫群密度。

4）药剂防治。可使用的药剂有0.65%的茼蒿素水剂300~400倍液、2.5%的三氟氯菊酯乳油3000倍液、3%的啶虫脒乳油2000倍液、10%的吡虫啉可湿性粉剂1500倍液、2.5%的联苯菊酯乳油3000倍液等。

提示　杀虫剂抗蚜威只对菜蚜（桃蚜、萝卜蚜、甘蓝蚜）效果好，对瓜蚜效果较差，不宜使用。

3. 美洲斑潜蝇 >>>>

〔学名〕

Liriomyza sativae Blanchard。

〔为害特点〕

成虫吸取植株叶片的汁液，卵产于叶肉中，幼虫孵化后在叶肉中取食，常形成网状的隧道（图3-9）。

图3-9 美洲斑潜蝇为害甜瓜叶片症状

〔形态特征〕

成虫体形较小，头部黄色，眼后眶黑色，中胸背板黑色光亮，中胸侧板大部分为黄色，足呈黄色（图3-10）。蛹呈椭圆形，橙黄色，长1.2~2.5mm（图3-11）。

图3-10 美洲斑潜蝇成虫

图 3-11　美洲斑潜蝇的蛹

〔生活习性〕

山东 1 年可发生 8～12 代。世代随温度变化而变化：15℃时完成 1 代约需 55 天，20℃时约需 16 天，30℃时约需 12 天。成虫具有较强的趋光性，有一定的飞翔能力。

〔防治方法〕

1）农业防治。种植前，清除田间及周边杂草，蔬菜收获后，及时将残枝落叶或藤蔓集中焚毁或堆沤。播种和整地时，深翻土壤，将蛹埋入土壤下层（多在 0～3cm 的土表层中），阻止其羽化。在发生严重地区，应将斑潜蝇嗜好作物与受害轻的作物或非寄主作物实行合理套种或轮作；有条件的地区提倡水旱轮作。适当疏植，增加田间通透性。

2）物理防治。可在温室外张挂防虫网，或在温室内每隔 2m 吊 1 片黄板（规格为 20cm×2cm）于作物叶片顶端略高 10cm 处，黄板上涂凡士林和林丹粉的混合物诱杀成虫。

3）生物防治。在温室内释放姬小蜂、潜蝇茧蜂等寄生蜂对斑潜蝇有较好的防治效果。

4）药剂防治。成虫高峰期后 5 天是幼虫防治的关键时期，可用20%的吡虫啉可溶液剂 3500 倍液、40%的辛硫磷乳油 1000 倍液或90%的杀虫单乳油 2000 倍液等喷雾防治。

4. 二斑叶螨 >>>>

二斑叶螨，又称二点叶螨或普通叶螨，在全国各地均有分布，可为害黄瓜、丝瓜、豆类等多种蔬菜。

〔学名〕

Tetranychus urticae Koch。

〔为害特点〕

若螨及成螨成群地在叶背活动，吸食汁液，使叶片出现黄色点状小斑（图3-12），为害幼叶引起卷曲黄化（图3-13），严重时叶片干枯脱落。

图3-12　二斑叶螨为害叶片症状

图 3-13　二斑叶螨为害幼叶引起卷曲黄化

〔形态特征〕

1）成螨有浓绿、浅黄、红色、褐色多种体色。体背两侧有1块红色长斑，体背有 26 根刚毛，共 4 对足。雌体长 0.4 ~ 0.6mm，雄体长约 0.25mm。

2）卵呈球形或近球形，长约 0.13mm，表面较光滑，开始为无色透明，渐变为橙红色或浅红色。

3）若螨初孵时近圆形，体长约 0.15mm。若螨前期近椭圆形，4 对足，后期变为黄褐色（图 3-14），与成虫相似。雄性前

图 3-14　二斑叶螨在叶背活动取食

期若虫蜕皮后变成雄成虫。

【生活习性】

南方地区发生代数较多，每年 20 代以上，北方一般发生 10 余代。月均温度达 5 ~ 6℃时，越冬雌虫即开始活动，达 6 ~ 8℃ 时就产卵繁殖。卵期为 10 ~ 15 天。产卵后经 20 ~ 30 天达到第 1 代幼虫的孵化盛期，以后就会世代重叠。气温越高，完成 1 代所需天数越短，23℃时完成 1 代约需 13 天，30℃以上时一般 6 ~ 7 天即可。二斑叶螨喜群集生活，多在叶背下活动为害。温度高、湿度小的环境下发病重。

【防治方法】

1）铲除田边杂草，清除老叶及其他病残体。

2）定期浇水，保持土壤湿度，减缓害虫的繁殖速度。

3）生物防治。注意保护及发挥天敌的自然控制作用。如深点食螨瓢虫在幼虫期，每头可捕食二斑叶螨 200 余头，其他还有草蛉、盲蝽等扑食天敌。也可利用白僵菌等寄生螨虫，降低危害。

4）药剂防治。可选用的药剂较多，如 10% 的阿维·哒螨灵可湿性粉剂 2000 倍液、1.8% 的阿维菌素乳油 3000 倍液、15% 的浏阳霉素乳油 1500 倍液、5% 的唑螨酯悬浮剂 2000 倍液、20% 的甲氰菊酯乳油 1200 倍液等。以上药剂注意交替及轮换用药，避免抗药性的产生。

提示　二斑叶螨世代重叠现象较突出，防治时最好将杀卵剂与杀幼虫、成虫的药剂一起使用。

5. 茶黄螨 >>>>

茶黄螨，又名侧多食跗线螨、茶半跗线螨，属蛛形纲蜱螨目跗线螨科，在全国各地均有发生。茶黄螨寄主广泛，发生普遍，可为害辣椒、茄子、丝瓜、甜瓜等大多数蔬菜，受害的蔬菜一般减产30%以上，严重时达50%以上。其常引起蔬菜果实表皮粗糙或开裂，严重降低果实品质，极大损害了菜农的经济收益。由于茶黄螨虫体小，为害症状有时与病毒病相似，部分菜农误作病毒病防治，导致错过最佳防治时期，造成大面积减产。

〔学名〕

Polyphagotarsonemus latus Banks。

〔为害特点〕

茶黄螨可为害大多数蔬菜，其中以辣椒、茄子受害最重，还可为害黄瓜、甜瓜、丝瓜、菜豆、豇豆等。茶黄螨以成虫及幼虫的刺针吸食蔬菜的幼嫩部分为害，如幼叶、幼果等。叶片受害后变小、皱缩，叶片增厚、僵硬、易碎，叶脉扭曲。因茶黄螨吸食叶片汁液常引起叶片受害部褪绿黄化，叶片背面多呈黄白色至黄褐色，粗糙，有油质光泽（图3-15），后期茶黄螨常在新叶之间成片结网（图3-16）。茎秆及果柄受害后表皮变为灰褐色至褐色，粗糙。为害果实常引起果皮开裂，种子外翻，形成馒头果，失去食用价值。

图3-15　茶黄螨为害叶片背面症状

图3-16　茶黄螨结网

茶黄螨为害蔬菜时常与病毒病为害的症状较相似，难以区分。实践中可通过以下三种方法加以鉴别：

1）茶黄螨为害时叶片背面呈油质光泽、粗糙状，而病毒病则无此特点。

2）用放大镜或显微镜观察叶片背面是否存在茶黄螨。

3）茶黄螨成虫为害植株时有结网的习性。

〔形态特征〕

卵长约0.1mm，半透明椭圆形，多为灰白色。幼螨呈近椭圆形，躯体分3节，足3对。雄成螨体长0.18～0.20mm，体躯近六角形，呈浅黄色或黄绿色，腹末有锥台形尾吸盘。雌成螨较雄成螨略长，体躯为阔卵形，分节不明显。

〔生活习性〕

茶黄螨虫体较小，肉眼难以观察，繁殖速度快，多数地区发生代数在20～30代。温度越高，繁殖越快，在30～32℃时繁殖1代仅需4天。成螨及幼螨喜食植物的幼嫩部分，当幼嫩部分生长变老后，则继续向新的幼嫩部分转移为害，成虫为害植株时有结网的习性。因喜高温，一般地区多在 6 ~ 9 月为害严重，温室中因气温高可常年为害。

〔防治方法〕

1）生物防治。保护、释放巴氏钝绥螨防治茶黄螨。

2）及时清除杂草，摘除老叶、病叶，集中烧毁，减少虫源。

3）及时灌水，保持土壤湿度，抑制其繁殖速度。

4）药剂防治。可选用下列药剂交替轮换使用：10% 的阿维·哒螨灵可湿性粉剂 2000 倍液、1.8% 的阿维菌素乳油 3000 倍液、15% 的浏阳霉素乳油 1500 倍液、5% 的唑螨酯悬浮剂 2000 倍液、20% 的甲氰菊酯乳油 1200 倍液。

6. 西花蓟马 >>>>

西花蓟马属缨翅目，锯尾亚目，蓟马科，花蓟马属，是一种危害性极大的外来入侵害虫。该虫寄主植物非常广泛，目前已知的有 200 多种植物。近几年，蓟马在我国北方设施栽培作物上严重发生，尤其是对设施蔬菜为害较重。作者在调查寿光设施蔬菜上西花蓟马的为害情况时发现，辣椒、西瓜、芹菜、甜瓜等大多蔬菜受害严重，单株植株叶和花上的蓟马总数严重时超过千头。

〔学名〕

Frankliniella occidentalis Pergande。

〔为害特点〕

该虫以锉吸式口器取食植物的茎、叶、花、果，导致花瓣褪色、叶片皱缩，叶片、茎及果有时易形成伤疤，最终可能使植株枯萎，同时还传播番茄斑萎病毒（Tomato Spotted Wilt Virus,

TSWV）在内的多种病毒。西花蓟马对辣椒、黄瓜、芹菜、西瓜、番茄等蔬菜均能造成较重危害，常引起叶片卷曲、叶片褪色，在叶片及果实上形成齿痕及伤疤。为害叶片时出现白色褪绿斑点（图3-17），苗期叶片为害严重时易形成空洞（图3-18）。幼虫多在叶片背面活动为害（图3-19）。

图 3-17 西花蓟马为害叶片症状

图 3-18 西花蓟马为害幼叶症状

图3-19　西花蓟马幼虫多在叶片背面活动

〔形态特征〕

雌虫体长1.2～1.7mm，体呈浅黄色至棕色，头及胸部色较腹部略浅，雄虫与雌虫形态相似，但体形较小，颜色较浅。触角8节，腹部第8节有梳状毛。若虫有4个龄期。1龄若虫一般无色透明，虫体包括头、3个胸节、11个腹节；在胸部有3对结构相似的胸足，没有翅芽。2龄若虫呈浅黄色或金黄色（图3-20），形态与

图3-20　西花蓟马2龄若虫

107

1 龄若虫相同。3 龄若虫呈白色，具有发育完好的胸足、翅芽和发育不完全的触角，身体变短，触角直立，少动，又称"前蛹"。4 龄若虫呈白色，在头部具有发育完全的触角，还有扩展的翅芽及伸长的胸足，又称"蛹"。卵不透明，呈肾形，长约 200μm。

[生活习性]

在温室内，西花蓟马可全年繁殖，每年发生 12 ~ 17 代，15℃下完成 1 代需要 44 天左右，30℃下需要 15 天即可。每头雌虫一般产卵 18 ~ 45 粒，产卵前期（羽化到第一次产卵的间隔期）在 15℃下约为 10 天，20 ~ 30℃下需 2 ~ 4 天，20℃时繁殖力最高。该虫将卵产于叶、花和果实的薄壁组织中，有时也将卵产于花芽中。27℃下卵期约 4 天，15℃下卵期可达 15 天。干燥情况下卵易死亡。幼期 4 龄，前 2 龄是活动取食期，后 2 龄不取食，属于前蛹和蛹期。1 龄若虫孵化后立即取食，27℃下历期 1 ~ 3 天，2 龄若虫非常活跃，多在叶片背面等隐蔽场所取食，历期从 27℃ 的 3 天到 15℃ 的 12 天。2 龄若虫逐渐变得慵懒，蜕皮变为假蛹，这段历期在 27℃下为 1 天，15℃下为 4 天，化蛹场所变化较多，多在土中，也可在花中。蛹期为 3 ~ 10 天。在室内条件下雌虫存活 40 ~ 80 天，雄虫寿命较短，约为雌虫的一半。在一个种群内，雄虫数量通常为雌虫的 3 ~ 4 倍。雄虫由未受精卵发育而来，未受精卵产自未交配的雌虫。该虫在温暖地区能以成虫和若虫在许多作物和杂草上越冬，相对较冷的地区则在耐寒作物如苜蓿和冬小麦上越冬，寒冷季节还能在枯枝落叶和土壤中存活。

[防治方法]

1）农业防治。清除菜田及其周围的杂草，减少越冬虫口基数，加强田间管理，增强植物自身抵御能力，能较好地防范西花蓟马的侵害。干旱植物更易受到西花蓟马的入侵，因此保证植物得到良好的灌溉就显得十分重要。另外，高压喷灌利于驱赶附着在植物叶子上的西花蓟马，减轻危害。

2）物理防治。利用蓟马对蓝色的趋性，可采取蓝色诱虫板对蓟马进行诱集，效果较好。

3）生物防治。利用西花蓟马的天敌蜘蛛及钝绥螨等可有效控制西花蓟马的数量。如在温室中每7天释放钝绥螨200～350头/m²，完全可控制其危害。释放小花蝽也有良好的防效，这些天敌在缺乏食物时能取食花粉，所以效果比较持久。

4）药剂防治。药剂可选用2.5%的多杀霉素悬浮剂1000倍液、10%的虫螨腈乳油2000倍液、5%的氟虫腈悬浮剂1500倍液，或10%的吡虫啉可湿性粉剂2000倍液等喷雾防治。喷洒农药时，一要注意不同的农药交替使用以削弱其抗药性，二要注意使用的间隔期及密度。一般而言，1种农药使用2个月为佳，这样可减轻化学杀虫剂的选择压力，延缓害虫抗药性的产生。

提示　蓟马性喜傍晚活动，此时喷药效果较好，同时加入农用有机硅助剂有利于提高药效。

7. 棉铃虫 >>>>

棉铃虫属鳞翅目，夜蛾科，我国各地均有发生。其食性杂，番茄、辣椒、茄子、豆类、瓜类、绿叶菜类蔬菜等都可受害。

〔学名〕

Helicoverpa armigera Hubner。

〔为害特点〕

棉铃虫以幼虫蛀食寄主作物的蕾、花、果及茎秆，啃食嫩茎、叶、芽等呈空洞或缺刻，引起严重减产。

〔形态特征〕

成虫体长 13 ~ 22mm，雌蛾为红褐色，雄蛾为褐绿色，翅面近中央处有 1 个褐边的圆环。卵多为半球形，前期乳白色，近孵化时加深为深褐色，具刻纹。幼虫体色不一，有浅绿、浅红、黄绿、浅褐等体色，背线一般有 2 条或 4 条，虫体各节有毛瘤 12 个（图 3-21），幼虫龄期多为 6 龄。蛹呈褐色纺锤形。

图 3-21　棉铃虫幼虫

〔生活习性〕

棉铃虫在不同地区发生代数不同。在我国西北地区一般每年发生 3 代，华北发生 4 代，长江以南可达 5 ~ 7 代。以蛹在土中越冬，华北多在 4 月下旬左右开始羽化，1 代、2 代、3 代、4 代幼虫发生期基本在 5 月中下旬、6 月中下旬、8 月上中旬和 9 月中下旬。幼虫发育适宜温度为 25 ~ 28℃，湿度以 75% ~ 90% 较合适。

〔防治方法〕

1）农业防治。销毁作物整枝打杈后的材料，减少卵量。适度密植，保障田间通风透光。

2）物理防治。在成虫发生盛期，采用高压汞灯进行诱杀。

3）生物防治。成虫产卵高峰后 3～4 天，喷洒 Bt 乳剂或核型多角体病毒，使幼虫感病死亡，连续喷 2 次，防效最佳。

4）药剂防治。一般当百株卵量达 20～30 粒时即应开始用药，如百株幼虫超过 5 头，应继续用药。可选用的药剂有 25% 的辛·氰乳油 3000 倍液、4.5% 的高效氯氰菊酯 3000～3500 倍液、20% 的除虫脲胶悬剂 500 倍液，或 20% 氯虫苯甲酰胺悬浮剂 3000 倍液等。

提示　棉铃虫老龄若虫的抗药性较强，最好在低龄若虫时期用药，同时注意杀虫机理不同的药剂轮换用药。

8. 温室白粉虱 >>>>

温室白粉虱是主要的温室类害虫，于 20 世纪 70 年代初期在我国初见发生。近几年，由于暖冬等气候因素及保护地面积的不断扩大，农业种植结构的不断调整，利用温室进行培育种苗和生产花卉、蔬菜等面积的不断扩大，白粉虱频繁发生，尤其是对温室中所种植的茄科、葫芦科、豆科等蔬菜危害更重。

〔学名〕

Trialeurodes vaporariorum Westwood。

〔为害特点〕

温室白粉虱寄主广泛，可为害番茄、辣椒、茄子、瓜类、豆类蔬菜等绝大多数蔬菜。大量成虫及若虫喜欢聚集在叶片背面，通过吸食蔬菜叶片的汁液，引起叶片褪绿变黄，严重时叶片萎蔫干枯。为害的同时分泌蜜露，容易引起煤污病（图3-22），影响蔬菜产量及品质。白粉虱还是多种病毒的传毒介体。

图3-22　温室白粉虱分泌蜜露引起煤污病

〔形态特征〕

1）成虫（图3-23）：体长1.0～1.6mm，头部为浅黄色，其余部位为粉白色。翅表及虫体被白色蜡粉包围，又称小白蛾。

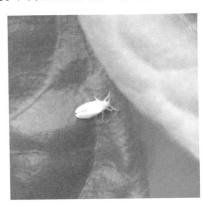

图3-23　温室白粉虱成虫形态

2）卵（图3-24）：呈长椭圆形，长0.15～0.20mm，初为浅绿色至浅黄色，孵化前加深为深褐色。

图3-24　温室白粉虱的卵及拟蛹

3）若虫：共4个龄期，1龄若虫到3龄若虫呈浅绿色或黄绿色，体长不断增加至0.25～0.53mm，其中2龄若虫和3龄若虫的足及触角退化。4龄若虫也叫"拟蛹"（图3-25），呈扁平状，随时间发展逐渐增厚，初期为绿色，后期颜色加深，体表有数根长度不一的蜡丝。

图3-25　温室白粉虱拟蛹及成虫

[生活习性]

每年发生代数因地区而异，南方温度较高，可常年发生，北方地区温室内一年可发生10余代，温室内则可终年为害，室外因温度低难以越冬。成虫羽化后数天即可产卵，每个雌虫可产100~200粒卵，卵多产于叶片背面，卵柄从气孔插入叶片内，不易脱落。因白粉虱喜食幼嫩部分，故其在植株垂直方向的虫龄（从卵到成虫）从上到下逐渐增大，卵孵化后的1龄若虫可在叶背短距离行动，2龄若虫以后因为足的退化，无法行动，只能固定取食。

[防治方法]

1）农业防治。

① 清洁田园。育苗、定植前清除病残体、杂草，保持温室清洁，通风口安装防虫网。

② 科学种植。避免黄瓜、番茄、菜豆等蔬菜混栽，可种植白粉虱不喜食的十字花科蔬菜。

③ 黄板诱蚜。选用长40cm、宽20cm的黄色纤维板，涂上机油，挂在温室中，每隔1.5m放置1片黄板，高度在作物顶部20cm以上，10~15天更换1次。

2）生物防治。利用天敌丽蚜小蜂或草蛉防治。温室白粉虱与丽蚜小蜂释放比例在（2~3）:1，每隔15天释放1次。

3）化学防治。因世代重叠，在同一时间同一植株上白粉虱的各虫态均存在，而当前药剂缺乏对所有虫态皆理想的药剂，所以实行化学防治时必须连续几次用药。可选用的药剂如下：25%的噻嗪酮可湿性粉剂2000倍液、3%的啶虫脒乳油1200倍液、70%的吡虫啉水分散粒剂1500倍液、25%的噻虫嗪水分散粒剂3000倍液或2.5%的联苯菊酯乳油5000倍液。喷药时着重叶背喷洒。

提示　白粉虱体表蜡粉较多，多数药剂渗透效果较差，可在药剂中加入农用有机硅助剂，增加药剂的渗透性，提高药剂防治效果。同时，白粉虱繁殖速度快，世代重叠严重，应注意杀菌机理不同的药剂交替使用，延缓其抗药性的产生。

附录 常见计量单位名称与符号对照表

量 的 名 称	单 位 名 称	单 位 符 号
长度	千米	km
	米	m
	厘米	cm
	毫米	mm
面积	公顷	ha
	平方千米（平方公里）	km²
	平方米	m²
体积	立方米	m³
	升	L
	毫升	mL
质量	吨	t
	千克（公斤）	kg
	克	g
	毫克	mg
物质的量	摩尔	mol
时间	小时	h
	分	min
	秒	s
温度	摄氏度	℃
平面角	度	(°)
能量，热量	兆焦	MJ
	千焦	kJ
	焦［耳］	J
功率	瓦［特］	W
	千瓦［特］	kW
电压	伏［特］	V
压力，压强	帕［斯卡］	Pa
电流	安［培］	A

参 考 文 献

［1］方中达. 植病研究方法［M］. 北京：农业出版社，1979.

［2］李金堂. 蔬菜病虫害诊治图鉴［M］. 济南：山东科学技术出版社，2012.

［3］陆家云. 植物病害诊断［M］. 2版. 北京：中国农业出版社，1997.

［4］吕佩珂，苏慧兰，高振江，等. 中国现代蔬菜病虫原色图鉴［M］. 呼和浩特：远方出版社，2008.

［5］全国农业技术推广服务中心. 潜在的植物检疫性有害生物图鉴［M］. 北京：中国农业出版社，2005.

［6］任欣正. 植物病原细菌的分类和鉴定［M］. 北京：中国农业出版社，1994.

［7］魏景超. 真菌鉴定手册［M］. 上海：上海科学技术出版社，1979.

［8］谢联辉. 普通植物病理学［M］. 北京：科学出版社，2006.

［9］邢来君，李明春. 普通真菌学［M］. 北京：高等教育出版社，1999.

［10］余永年. 中国真菌志（第六卷）　霜霉目［M］. 北京：科学出版社，1998.

［11］郑建秋. 现代蔬菜病虫鉴别与防治手册（全彩版）［M］. 北京：中国农业出版社，2004.

［12］中华人民共和国农业部农药检定所. 2008年农药管理信息汇编［G］. 北京：中国农业出版社，2008.

书 目

ISBN：978-7-111-55670-1
定价：59.80 元

ISBN：978-7-111-56476-8
定价：39.80 元

ISBN：978-7-111-48498-1
定价：25.00 元

ISBN：978-7-111-49441-6
定价：25.00 元

ISBN：978-7-111-57310-4
定价：29.80 元

ISBN：978-7-111-47467-8
定价：25.00 元

ISBN：978-7-111-52313-0
定价：25.00 元

ISBN：978-7-111-56074-6
定价：29.80 元

ISBN：978-7-111-56065-4
定价：25.00 元

ISBN：978-7-111-46164-7
定价：25.00 元

ISBN：978-7-111-46165-4

定价：25.00 元

ISBN：978-7-111-52723-7

定价：39.80 元

ISBN：978-7-111-49264-1

定价：25.00 元

ISBN：978-7-111-54231-5

定价：22.80 元

ISBN：978-7-111-47926-0

定价：25.00 元

ISBN：978-7-111-49513-0

定价：25.00 元

ISBN：978-7-111-50503-7

定价：25.00 元

ISBN：978-7-111-47685-6

定价：25.00 元

ISBN：978-7-111-47947-5

定价：22.80 元

ISBN：978-7-111-49603-8

定价：25.00 元